Vanina Lucrecia López
María de las Mercedes Ortega Pérez

Minerales de la Serie Montebrasita-Ambligonita del Distrito El Quemado

Vanina Lucrecia López
María de las Mercedes Ortega Pérez

Minerales de la Serie Montebrasita-Ambligonita del Distrito El Quemado

Caracterización mineral y paragénesis de éstos minerales (Li) en el Distrito Pegmatítico El Quemado, NO de Argentina

Editorial Académica Española

Imprint
Any brand names and product names mentioned in this book are subject to trademark, brand or patent protection and are trademarks or registered trademarks of their respective holders. The use of brand names, product names, common names, trade names, product descriptions etc. even without a particular marking in this work is in no way to be construed to mean that such names may be regarded as unrestricted in respect of trademark and brand protection legislation and could thus be used by anyone.

Cover image: www.ingimage.com

Publisher:
Editorial Académica Española
is a trademark of
Dodo Books Indian Ocean Ltd. and OmniScriptum S.R.L publishing group

120 High Road, East Finchley, London, N2 9ED, United Kingdom
Str. Armeneasca 28/1, office 1, Chisinau MD-2012, Republic of Moldova, Europe
Managing Directors: Ieva Konstantinova, Victoria Ursu
info@omniscriptum.com

Printed at: see last page
ISBN: 978-620-0-02215-8

Caracterización de los minerales de la Serie Montebrasita-Ambligonita (Li) y su paragénesis en el Distrito Pegmatítico El Quemado, NO de Argentina

Vanina L. LÓPEZ [1*] y María de las Mercedes ORTEGA PÉREZ[2]

[1] Centro de Estudios Geológicos Andinos, Instituto Superior de Correlación Geológica, Consejo Nacional de Investigaciones Científicas y Técnicas (CEGA-INSUGEO-CONICET), Universidad Nacional de Salta, Argentina. Av. Bolivia 5150 (Salta). vaninalucrecialopez@gmail.com

[2] Centro de Estudios Geológicos Andinos, Instituto Superior de Correlación Geológica, Consejo Nacional de Investigaciones Científicas y Técnicas (CEGA-INSUGEO-CONICET), Universidad Nacional de Salta, Argentina. Av. Bolivia 5150 (Salta). merortega001@gmail.com

*Autor correspondiente: Vanina L. LÓPEZ, vaninalucrecialopez@gmail.com

Contenido

RESUMEN

Caracterización de los minerales de la Serie Montebrasita-Ambligonita (Li) y su paragénesis, Distrito Pegmatítico El Quemado, noroeste argentino. Las pegmatitas de Mina Santa Elena (Salta, Argentina) pertenecen a la familia LCT, clase de elementos raros, tipo berilo, subtipo berilo-columbita-fosfato. La paragénesis de estadio pegmatítico incluye fosfatos de Li-Al-F-OH (montebrasita) Li-Mn-Fe (litiofilita), Ca-Mn-Fe-OH, Ca-F-Oh-Cl (apatita), Mn-Fe-Mg-Ca (triplita) y Al-Fe-Mg-OH (scorzalita); óxidos de Nb-Ta (coltan), U (uraninita), Zr (zircón) y Zn (gahnita); silicatos de Li (Li-muscovita, lepidolita, elbaíta, espodumeno); berilo, muscovita, chorlo, granate, feldespatos (albita, microclino) y cuarzo. La montebrasita contiene F entre <1% y 2,3 % peso, y Li_2O de 7,47-9,86 % peso. El fundido, enriquecido en P, F y H_2O, promovió la cristalización de montebrasita más que espodumeno, a temperaturas inferiores a los 400°C. Las fases minerales en paragénesis compitieron por diversos elementos químicos, de los cuales el F fue consumido preferencialmente por las micas y el Mn por el coltan. La removilización de Li, Ca, Mn y Fe durante el estadio hidrotermal contribuyó al desarrollo de venillas de triplita (II), apatita (III), litiofilita y souzalita, y al emplazamiento de una zona de reemplazo con lepidolita. Se interpreta que el incremento de la actividad del F constituyó un mecanismo efectivo en el fraccionamiento de Fe-Mn en el coltan.

Palabras clave: montebrasita, actividad de F, enriquecimiento en P, pegmatitas LCT, Mina Santa Elena, Salta (Argentina).

ABSTRACT

Characterization of minerals of the Montebrasite-Ambligonite series (Li) and its paragenesis, El Quemado Pegmatite District, northwest Argentina. Pegmatites of Santa Elena Mine (Salta, Argentina) belong to the LCT family, rare elements class, beryl type, beryl-columbite-phosphate subtype. Paagenesis of the pegmatitic stage includes phosphates of Li-Al-F-OH (montebrasite) Li-Mn-Fe (lithiophilite), Ca-Mn-Fe-OH, Ca-F-Oh-Cl (apatite), Mn-Fe-Mg-Ca (triplite) and Al-Fe-Mg-OH (scorzalite); oxides of Nb-Ta (coltan), U (uraninite), Zr (zircon) and Zn (gahnite); Li-silicates (Li-muscovite, lepidolite, elbaite, spodumene); beryl, muscovite, schorl, garnet, feldspars (albite, microcline) and quartz. Montebrasite contains F between <1% and 2,3 wt%, and Li_2O 7,47-9,86 wt%. The melt, enriched in P, F and H_2O, promoted crystallization of montebrasite prior to spodumene, at temperatures below 400°C. The mineral phases in paragenesis competed for diverse chemical elements, of which F was consumed preferentially by micas and Mn by coltan. The remobilization of Li, Ca, Mn and Fe during the hydrothermal stage contributed to development of veinlets of triplite (II), apatite (III), lithiophilite and souzalite, and to the emplacement of a replacement zone with lepidolite. It is interpreted that increment of F activity constituted an effective mechanism in the Fe-Mn fractionation in coltan.

Keywords: montebrasite, F activity, enrichment in P, LCT pegmatites, Santa Elena Mine, Salta (Argentina).

INTRODUCCIÓN

Las pegmatitas graníticas de tipo complejo son portadoras de minerales considerados críticos, estratégicos y/o de importancia económica estratégica, entre los que se destacan los que contienen Li, Nb-Ta, Be, U (COFEMIN, 2022). Esta clasificación es variable en función de la matriz productiva de cada país, y sus proyecciones con respecto a la transición energética y los estándares de vanguardia en la industria tecnológica. Una proyección a 2040 realizada por la Agencia Internacional de Energía (International Energy Agency - IEA) en 2021, sentó las bases globales sobre los requerimientos de sustancias minerales ante las demandas de políticas climáticas y desarrollo sustentable (Escenario de Políticas Declaradas-STEPS y Escenario de Desarrollo Sostenible-SDS), principalmente vinculado con las energías renovables (eólica, solar) y de baja producción de carbono (nuclear) (Ministerio de Economía Argentina, 2022).

En el contexto de la minería argentina los recursos de litio no revisten categoría de críticos ya que el país cuenta con recursos y reservas suficientes para abastecer el mercado por decenas de años: 22 Mt de recursos y 3,6 Mt reservas de carbonato de litio (el 3° a nivel mundial), con una producción 2023 de 9.600 t a partir de salmueras (USGS, 2024). En contraste, la Unión Europea considera al Li como materia prima crítica y estratégica, siendo aportada por Chile en un 79% (Grohol y Veeh, 2023).
Las reservas de Li en pegmatitas son encabezadas por Australia con 6,2 Mt (~75 % del total, USGS, 2024). En Sudamérica, la producción a partir de pegmatitas corresponde a Brasil, que aporta desde sus dos provincias pegmatíticas. Argentina, a pesar de adjudicar numerosos distritos mineros pegmatíticos, algunos de los cuales han beneficiado Li a partir de espodumeno y otros a partir de diversos minerales litíferos desde 1937 (Dirección Nacional de Geología y Minería, 1963; Angelelli y Rinaldi, 1966; Chabert, 1986), y con estimaciones de recursos en informes antiguos de 200.000 t espodumeno con leyes de 5 a 8 %peso de $L_{i2}O$ (50% corresponden al Distrito El Quemado, recopilación en Galliski et al., 2022), no cuenta con recursos ni reservas de Li en pegmatitas calculados al 2024.

Considerando que las pegmatitas de la clase de elementos raros y familia LCT (Černý, 1991; Simmons y Weber, 2008) son las principales fuentes del recurso de Li en rocas a nivel mundial, la importancia de avanzar con los estudios de esta tipología de depósitos en Argentina reviste interés prospectivo, minero e industrial. El estudio sobre las condiciones genéticas y su distribución en el territorio argentino, confiere el valor agregado de contribuir al conocimiento de la asociación mineral susceptible de beneficio mineral. Por ende, la paragénesis mineral y química de las pegmatitas, condicionadas por su génesis, son un punto de partida para tales fines.

En cuanto a la composición química global de una pegmatita, es la de un granito con los componentes Li_2O, Rb_2O, B_2O_3, $F \pm Cs_2O$, en proporciones superiores al 1% (Evans, 1993). El enriquecimiento en LILE aumenta con el grado de diferenciación del fundido, así como también la proporción de volátiles susceptibles de contribuir a la cristalización de minerales cuya estructura incluye F, OH, B.

La evolución del sistema pegmatítico comprende un estadio inicial supercrítico fundido-fluido (Thomas y Davidson, 2016) y un estadio final hidrotermal. Los fundidos supercríticos difieren de los fluidos acuosos supercríticos en que presentan mayor densidad y se encuentran enriquecidos en solutos y en sílice, y de los fundidos convencionales en que están más enriquecidos en volátiles, particularmente agua. Los elementos P, F, B, y Na contribuyen a la fluidez del fundido (Thomas et al., 2012), y en función de la baja viscosidad y la elevada movilidad y solubilidad de elementos incompatibles, promueven la difusión iónica y condicionan la paragénesis mineral. Así mismo, la disminución de la relación molar Al/(Na+K+Li) genera un fuerte descenso en la viscosidad, y aquellos fundidos con una relación Al/(Na+K+Li) de ~0,8 (baja) desarrollan un comportamiento reológico cercano al de los fluidos supercríticos, pudiendo generar difusión como un gas o disolución como un líquido (Bartels et al., 2011).

La contribución relativa de los procesos magmáticos e hidrotermales a la mineralización de elementos raros comprende la suma de distintos mecanismos metalogénicos: i) cristalización fraccionada, ii) inmiscibilidad magmática, iii) mezcla fundido/fluido supercrítico, iv) refinamiento zonal (Shearer et al., 1992; Veksler y Thomas, 2002; Kaeter et al., 2008; Thomas y Davidson, 2016; Wu et al., 2017). La mineralización dependerá, incluso en un mismo distrito, de la fuente de los elementos, los procesos y el tiempo de diferenciación y residencia (Figura 1).

El comportamiento de ciertos elementos durante el estadio supercrítico (entre ellos F, P, Rb, Sn, Cs y Ta), son determinantes de las fases minerales que cristalizan en los estadios pegmatítico supercrítico e hidrotermal. A ello se suma la competencia por algunos elementos en dichos estadios (F, OH, Mn, Fe), derivando en una paragénesis función de los elementos disponibles para cada sustitución factible en la estructura cristalina.

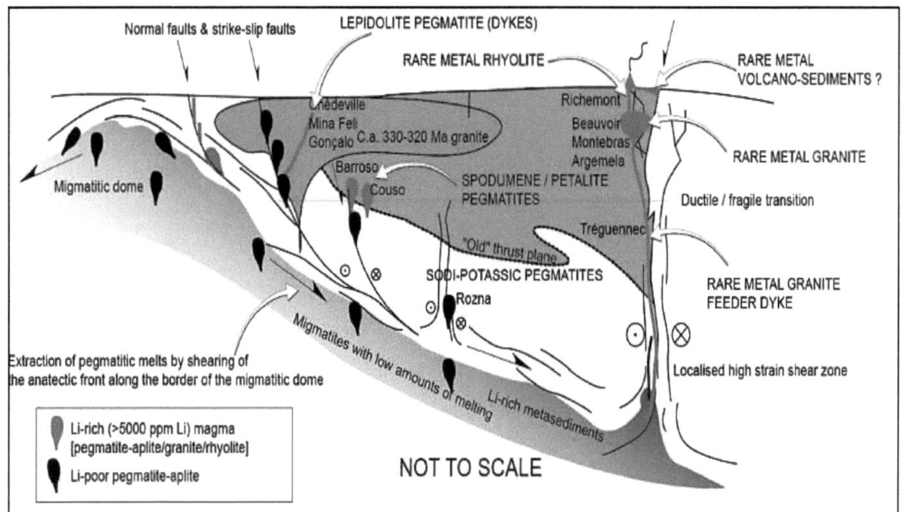

Figura 1. Esquema de diferentes mecanismos y productos pegmatíticos en un ambiente post-colisional/arco. Algunos ejemplos europeos se indican en la misma. (Fuente: Gautneb et al., 2020).

En relación a la mineralización de Li, las actividades absolutas y relativas de $(PO_4)^{3-}$, F^-, H^+, Na^+ y K^+, condicionan la proporción de Li que puede incorporarse en las tres asociaciones minerales principales de las pegmatitas complejas (Černý et al., 1985): alúmino-silicatos anhidros, fosfatos y micas. El incremento de P en el fundido es consecuencia de la cristalización de las fases silicatadas, y es acompañado por aumento de la fase fluida. La presencia de algunos extremos de serie como es el caso de montebrasita preferente a ambligonita contribuyen a identificar la composición del fluido en los estadios finales de la evolución del sistema pegmatítico, en cuanto a su contenido de H_2O o F (London y Burt, 1982). El mecanismo de inmiscibilidad de un fundido fosfatado se evidencia en la paragénesis montebrasita+litiofilita (Xu et al., 2019); mientras que la presencia de micas (lepidolita) es un indicio petrogenético de la actividad de H^+ y F^- en la fase enriquecida en Li^+.

Otros estudios demostraron que la investigación de las sucesiones paragenéticas junto con la composición química de algunos minerales accesorios (como turmalina, óxidos de Nb-Ta, óxido de Zn) representan una herramienta útil en la comprensión de la evolución magmática de las pegmatitas graníticas y los fundidos pegmatíticos (Simmons y Webber, 2008; Van Lichtervelde et al., 2007). En particular, la composición de los minerales de Nb-Ta tiene el potencial de revelar el grado de fraccionamiento de los fundidos de las pegmatitas, y brindar indicios de su evolución geoquímica hasta etapas magmáticas tardías (Chudík et al., 2011, Wise et al., 2012, Badanina et al., 2015).

Este trabajo tiene como propósito caracterizar los fosfatos del Grupo de la Ambligonita y fases fosfatadas en paragénesis, en conjunto con la química mineral de fases litíferas (silicatadas y fosfatadas) para identificar los procesos genéticos ocurridos en los estadios pegmatítico e hidrotermal, considerando la actividad de aquellos elementos que pudieron condicionar los mecanismos de cristalización (F, OH, P) en la zona intermedia del cuerpo pegmatítico de Santa Elena, Distrito El Quemado, Salta, Argentina.

METALOGÉNESIS DE LOS DISTRITOS PEGMATITICOS EN SUDAMÉRICA

Se define Provincia Metalogénica como el área caracterizada por una asociación particular de depósitos minerales, o por uno o más tipos característicos de mineralización, que le confieren su nombre como identidad. Una provincia metalogénica puede haber tenido más de un episodio de mineralización, o concentrar yacimientos de diferentes épocas metalogénicas.

Época metalogénica es una unidad de tiempo geológico para la depositación de menas, o caracterizada por una asociación particular de depósitos minerales. Muchas épocas metalogénicas pueden encontrarse representadas dentro de un área reducida, o provincia metalogénica. Las épocas metalogénicas pueden coincidir con ciclos orogénicos, dependiendo de la tipología de los depósitos.

En Sudamérica se definen 3 provincias pegmatíticas (Putzer, 1976; Galliski et al., 2022), dos de las cuales se encuentran en Brasil, siendo estas la Provincia Oriental Brasilera y la Provincia Nororiental Brasilera (o Borborema), ambas pertenecientes al Ciclo Brasiliano (900-570 Ma), y la tercera en el noroeste de Argentina, denominada Provincia Pegmatítica Pampeana, como parte de los ciclos Pampeano y Famatiniano (570 Ma a Cámbrico inferior-medio, y Cámbrico medio a Devónico, respectivamente) (Da Silva et al., 1995, Gallisky, 1994, Morteani et al., 2000, Preinfalk et al., 2000, Sardi et al., 2017).

A continuación, se detallan las principales características morfotectónicas y mineralógicas de las provincias mencionadas anteriormente (Figura 2A):

Provincia Oriental Brasilera

La Provincia Oriental Brasilera, también denominada Provincia Pegmatítica del Este de Brasil, abarca una región muy grande de aproximadamente 150.000 km^2, desde los estados de Bahía hasta Río de Janeiro, pero más del 90% de toda su área está ubicada en el este del estado de Minas Gerais, específicamente en la unidad geotectónica llamada orógeno de Araçuaí. El orógeno Araçuaí, formado por la tectónica del Ciclo Brasiliano-Panafricano (Neorproterozoico-Cámbrico), se extiende desde el borde oriental del Cratón de San Francisco hasta el margen Atlántico del SE de Brasil, y forma junto con el Cinturón de Congo Occidental un edificio orogénico confinado a la bahía que circunda el Cratón de San Francisco-Congo de edad Arqueano-Proterozoico (Pedrosa-Soares et al., 2009).

Incluye 11 distritos pegmatíticos, entre los que se hallan las Pegmatitas Pederneria, que contienen elbaíta de calidad gema. Durante la década de 1940, más de 1.000 distritos fueron explotados para beneficiar este mineral (Pedrosa-Soares et al., 2009). Dentro de ellos se pueden distinguir pegmatitas ígneas o magmáticas como las de Paraíso, Piedra Azul y San José de Safira y pegmatitas anatécticas como las de Caratinga, Santa María de Itabira y Espíritu Santo. Entre ambas, se destacan las que son magmáticas puesto que son las principales portadoras de espodumeno, turmalina calidad gema, berilo, ambligonita, crisoberilo, alejandrita, aguamarina, fosfatos y silicatos de litio como trifilita y petalita respectivamente; mientras que las anatécticas son potenciales depósitos de caolín, feldespato potásico, mica, corindón y cuarzo.

Provincia Borborema

Las pegmatitas de la Provincia Pegmatítica Borborema están situadas en la unidad morfoestrutural denominada Provincia Borborema (Almeida et al., 1981). Brito Neves (1975, 1983) divide esta provincia en áreas estables y cinturones plegados, consolidados a final del Precámbrico (Ciclo Brasiliano ~600 Ma). Esta provincia pegmatítica se encuentra ubicada específicamente en la faja plegada de Seridóm en el noreste de Brasil, siendo una de las mejores áreas para la búsqueda de recursos minerales (Da Silva et al., 1984).

Johnston Jr. (1945) distingue dos clases de pegmatitas en esta provincia:

-Homogéneas, estructuralmente simples, pobremente diferenciadas. Normalmente son estériles y orientadas en dirección N-S. Presentan una distribución homogénea de minerales esenciales, tanto en composición modal y tamaño de grano (centímetro a decímetro). Ocurren como cuerpos tabulares de 3 m de ancho y 1 o 2 km de longitud. Presentan frecuentemente textura gráfica entre el cuarzo y los feldespatos. Raramente suelen encontrarse minerales de Ta-Nb, Be y Sn.

-Heterogéneas, estructuralmente complejas, con gran diferenciación. Generalmente se presentan de forma lenticular. No superan los 600 m de longitud y alcanzan hasta 150 m de ancho. Presentan zonación vertical y/o lateralmente producto de los cambios en la composición modal y el tamaño de grano de los minerales esenciales. Se pueden reconocer 4 zonas simétricamente distribuidas en relación con el centro de la pegmatita.

El contacto entre las zonas III y IV es el lugar preferencial para el crecimiento de grandes cristales de algunos minerales de mena como berilo, tantalita, lepidolita, espodumeno, ambligonita y otros fosfatos y minerales raros, que reemplazan al cuarzo y al feldespato potásico en estas zonas (Da Silva et al., 1995).

Provincia Pegmatítica Pampeana:

La Provincia Pegmatítica Pampeana (Galliski, 1994) se encuentra en Argentina, localizada en la unidad morfoestructural de Sierras Pampeanas que abarca los sectores centro-oeste y noroeste del país. Está caracterizada por contener importantes afloramientos de rocas cristalinas, tanto metamórficas como ígneas, en su gran mayoría de edad paleozoica, las cuales contienen numerosas pegmatitas de diferentes edades, evolución y composición (Sardi et al., 2015). Se reconocen 19 distritos pegmatíticos: 4 pertenecientes a la clase Muscovita, y los restantes a la clase de Elementos Raros, los cuales mayormente corresponden a la familia LCT (Li-Cs-Ta) y en menor medida a la familia NYF (Nb-Y-F) de acuerdo a la clasificación de Černý y Ercit (2005) (Gallisky, 2009; Sardi et al., 2017). Estos últimos son en su mayoría de tipo orogénicos, mientras que una menor proporción son distritos post-orogénicos (Sardi et. al., 2015) (Figura 2B).

De lo mencionado anteriormente se puede desprender la siguiente clasificación de los distritos incluidos en esta provincia, en función de lo planteado por Gallisky (1994) y Sardi et al. (2017):

-Pegmatitas muscovíticas y andalucíticas: comprenden, de norte a sur, los distritos Centenario (Salta), Quilmes (Tucumán) y Mazán-Ambato (La Rioja y Catamarca).

-Pegmatitas berilíferas: integradas por los distritos Cerro Blanco (Salta), Calchaquí (Tucumán), Ancasti-brl* (Catamarca), Sierra Brava (La Rio ja) y Velasco (La Rioja).

-Pegmatitas turmaliníferas: forman parte del distrito Ancasti (Catamarca).

-Pegmatitas espoduménicas (-lepidolíticas) y columbita-tantalíticas del distrito El Quemado (Salta) y espoduménicas del distrito Ancasti (Catamarca).

-Pegmatitas miarolíticas intragraníticas: granitos El Portezuelo (Catamarca) y La Chinchilla (La Rioja).

En este trabajo se hará énfasis en las pegmatitas del Distrito Pegmatítico El Quemado (Salta) y los minerales ricos en Li que allí se encuentran.

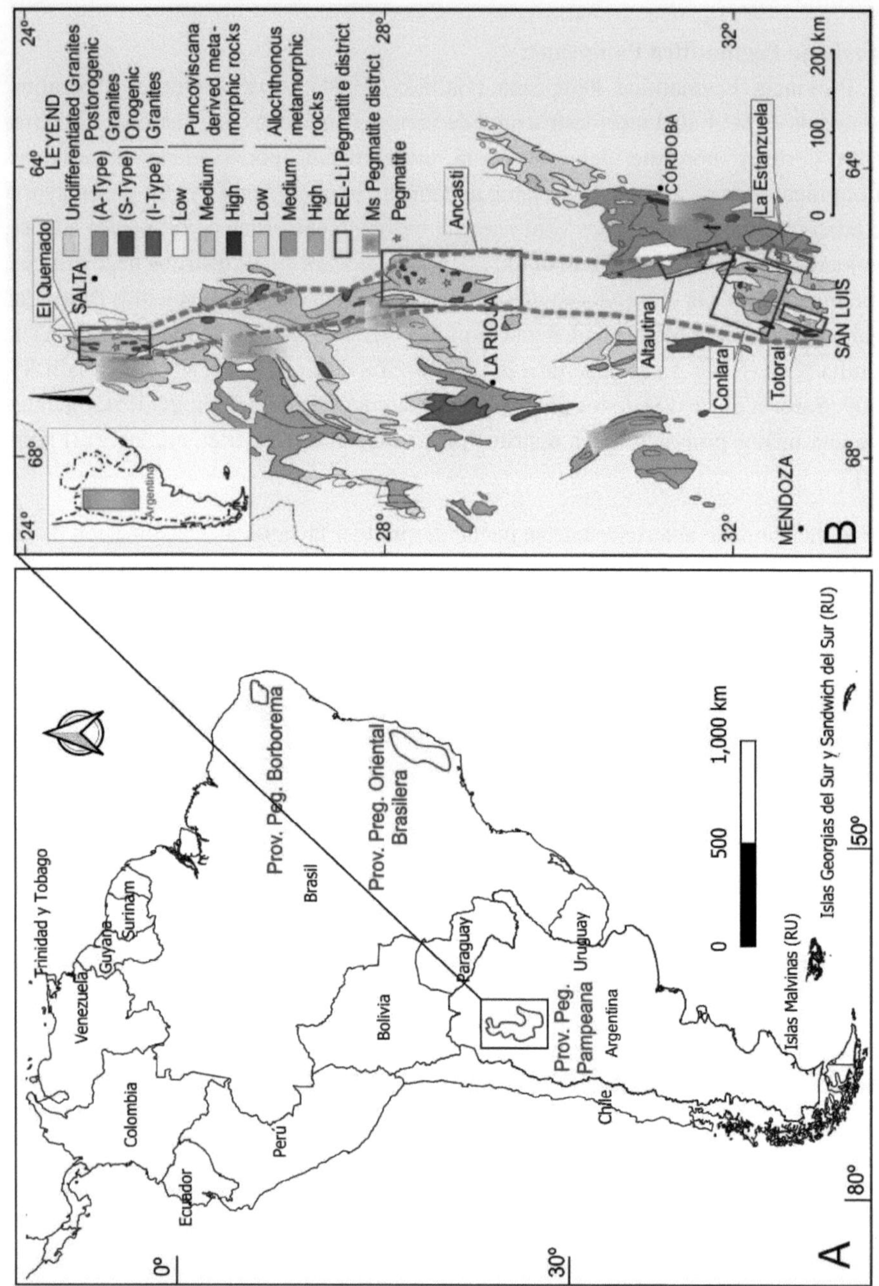

Figura 2. A. Mapa de ubicación de las Provincias Pegmatíticas de Sudamérica (Elaboración propia). B. Mapa geológico de la Provincia Pegmatitica Pampeana, con localización de los principales distritos litíferos (Fuente: Galliski et al., 2022).

MARCO GEOLÓGICO DE LAS PEGMATITAS EL QUEMADO

El distrito pegmatítico El Quemado se encuentra en el tramo meridional de la sierra de Cachi-Palermo, en la provincia de Salta, NO de Argentina. Se ubica en la zona de límite entre la Cordillera Oriental, Puna y Sierras Pampeanas Occidentales, constituyendo el extremo más noroccidental de la Provincia Pegmatítica Pampeana (Putzer, 1976; Galliski, 1981, 2009). Las alturas varían entre 3.800 y 5.000 m s.n.m. y se extiende entre los 24°30'-25°05' de latitud Sur y 66°10'–66°30' de longitud Oeste (Figura 3). Las vías de acceso al área son la Ruta Nacional N° 68 que une la ciudad de Salta con la localidad de El Carril, siguiendo por Ruta Provincial N° 33 cruzando por Piedra del Molino hasta la localidad de Payogasta y luego Ruta Nacional N° 40 hasta la localidad de Palermo Oeste. Desde allí se accede en vehículo doble tracción hasta Puesto Horco Molle desde donde se continúa por 3 días a mula. Este sendero es parte del que se utilizó originalmente para extraer la producción del distrito en la década del '40 (Nb, Ta, Bi).

El distrito está compuesto por una serie de cuerpos pegmatíticos distribuidos en cuatro sectores mineralizados denominados: Aguas Calientes, Santa Elena-El Quemado, Tres Tetas y El Morado-Peñas Blancas, dentro de los cuales se reconocen más de 30 pegmatitas. En las Figuras 3B y 3C se pueden reconocer algunas de las más importantes según dimensiones de los cuerpos y mineralogía.

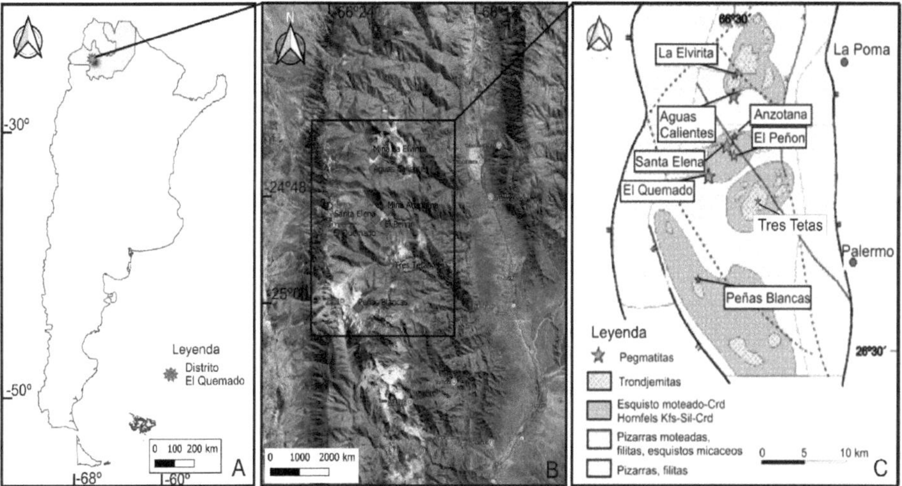

Figura 3. A. Mapa de ubicación del distrito El Quemado. B. Detalle de los principales cuerpos pegmatíticos reconocidos en el distrito El Quemado. C. Mapa geológico simplificado del distrito junto a la localización de los cuatro sectores mineralizados y las principales pegmatitas que allí se localizan.

La estratigrafía de la zona comprende mayormente rocas metasedimentarias neorpoterozoicas-cámbricas e ígneas del Paleozoico inferior (Figura 4).

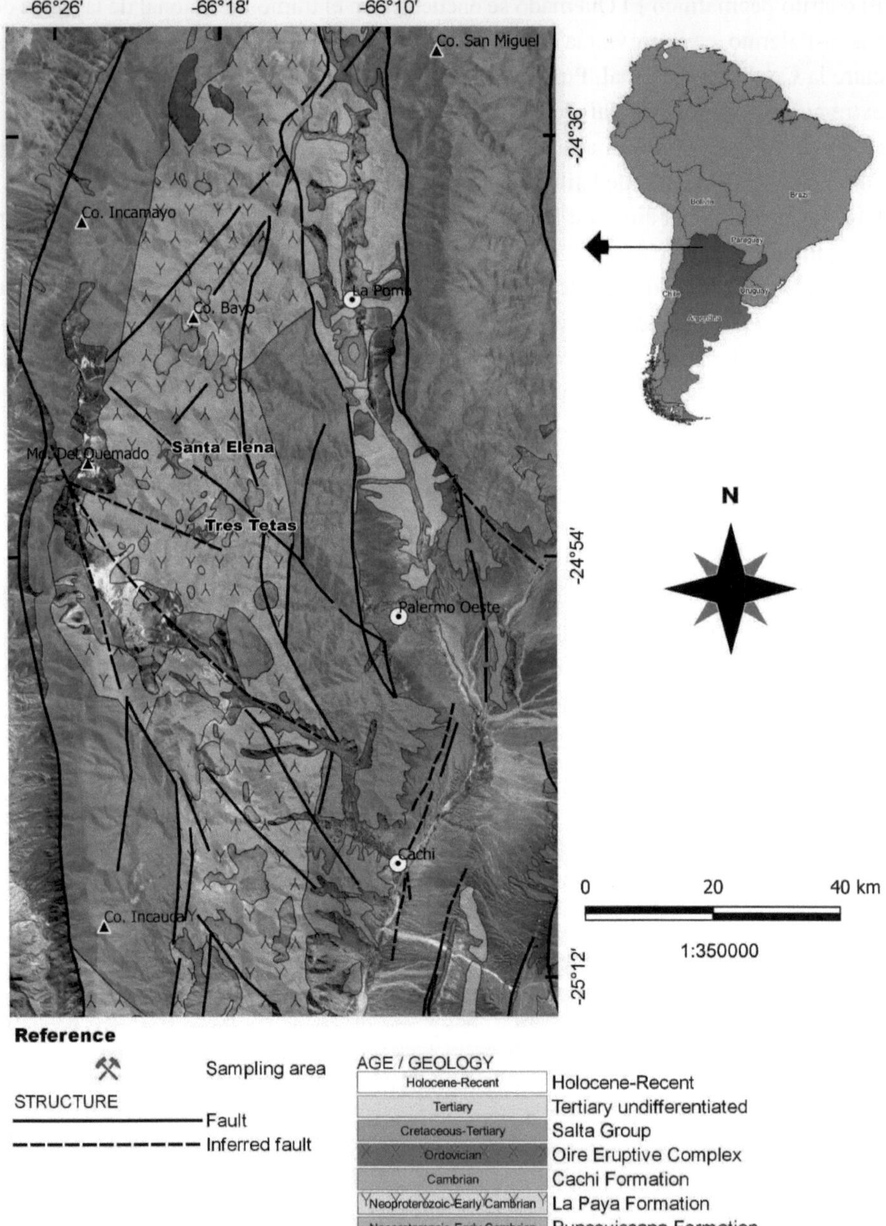

Figura 4. Mapa geológico regional (Fuente López de Azarevich et al., 2021a).

El basamento estratigráfico, de edad Neoproterozoico – Cámbrico temprano, está conformado por una alternancia de pelitas, areniscas, grauvacas y cuarcitas afectadas por metamorfismo regional, generalmente de bajo grado, de la Formación Puncoviscana (Turner, 1960). Aceñolaza et al. (1975) diferencia dos unidades; Formación Puncoviscana y Formación La Paya (Figura 5A), esta última unidad fue diferenciada para involucrar esquistos cordieríticos, gneises y migmatitas, generados por metamorforfismo regional de medio a alto grado (pico metamórfico ~510 Ma), es decir, rocas que presentan mayor grado de metamorfismo que la Formación Puncoviscana, (Toselli, 1990).

Estas unidades alojan cuerpos intrusivos calcoalcalinos de signatura TTG (trondhjemitas, tonalitas y granodioritas) y pegmatitas tipo S, de la Formación Cachi (Figura 5B a 5D), cuyas edades oscilan desde 564 Ma hasta 453 Ma (Toselli y Rossi de Toselli, 1990; Galliski, 1981; Hongn y Seggiario, 2001; López de Azarevich et al., 2021a). La Formación Cachi consiste en dos suites de rocas ígneas diferentes:

(i) Gabros, dioritas, tonalitas y trondhjemitas, de tipo I, sus afloramientos se distribuyen desde las Cumbres de Brealito, llegando por el norte hasta las proximidades del cerro Saladillo (Hong y Seggiario, 2001; Méndez et al., 2006). Sus edades van desde 477,5 ± 3,9 Ma para las rocas básicas a 472,1 ± 11 Ma para los granitos (Hongn y Seggiaro, 2001; Galliski, 2007; Hongn et al., 2014; Miller et al., 2019), que reciben el nombre de plutones Aguas Calientes, Tres Tetas, Peñas Blancas, El Morado, Cachi, Libertador, El Brealito y La Angostura. Se presentan en forma de stocks de composición trondhjemítica (~60 % en volumen de plagioclasa y ~ 35 % en volumen de cuarzo), de textura equigranular, dominando biotita como accesorio máfico, discretamente orientada (Hong y Seggiario, 2001). Estas rocas en general presentan color gris pardo y sus dimensiones no sobrepasan los 4,5 km de longitud (Méndez et al., 2006).

(ii) Granodioritas peraluminosas, granitos y pegmatitas, tipo S. Estas últimas se presentan como cuerpos en forma de stock y diques o filones. La dinámica de emplazamiento fue interpretada como tardío-cinemática (Galliski, 1981, Toselli, 1992), aunque estudios posteriores sugieren un emplazamiento sin-cinemático (Hongn et al., 2014; López de Azarevich et al., 2021a). Dataciones U-Pb en monazitas varían de 462 a 481 Ma y, en zircón registran 453 Ma (Lork et al., 1989). En el Distrito El Quemado las pegmatitas incluyen variedades simples (estériles) y pegmatitas de la familia LCT (Li, Cs, Ta), clase Elementos Raros, que contienen minerales de interés económico a partir de los que se definen distintos subtipos de pegmatitas. Éstas forman cuerpos tabulares con rumbo N a NO, muestran buzamiento promedio de 65° en dirección SO y espesor de 4 a 30 m. Las pegmatitas se presentan como emplazamientos intra- y peri-batolíticos, con relaciones netas y discordantes con la foliación de los esquistos de la caja (López de Azarevich et al., 2021a).

Figura 5. A. Fotografía de campo de la Formación La Paya. B y C. Filones pegmatíticos en Formación La Paya. D. Fotografía de la intrusión de un cuerpo pegmatítico de la Formación Cachi en la Formación La Paya, zona Tres Tetas, vista al O.

Hacia el N del distrito y más representadas hacia el O, en ambiente de Puna, se emplazan otras rocas intrusivas y volcánicas de orientación meridional de la Faja Eruptiva de la Puna Oriental o Formación Oire (Méndez et al., 1973, 1979). Comprenden un pulso magmático principal de composición granodiorítica de edad Arenigiano (Borrello, 1969), que fue afectado por un metamorfismo regional de edad Ashgilliano superior- Silúrico inferior. Dataciones en monacitas arrojan edades de aproximadamente 470 Ma (Lork y Bahlburg, 1993).

La asociación magmática corresponde a un arco volcánico cuyo emplazamiento implica subducción debajo del bloque Luracatao (Figura 6).

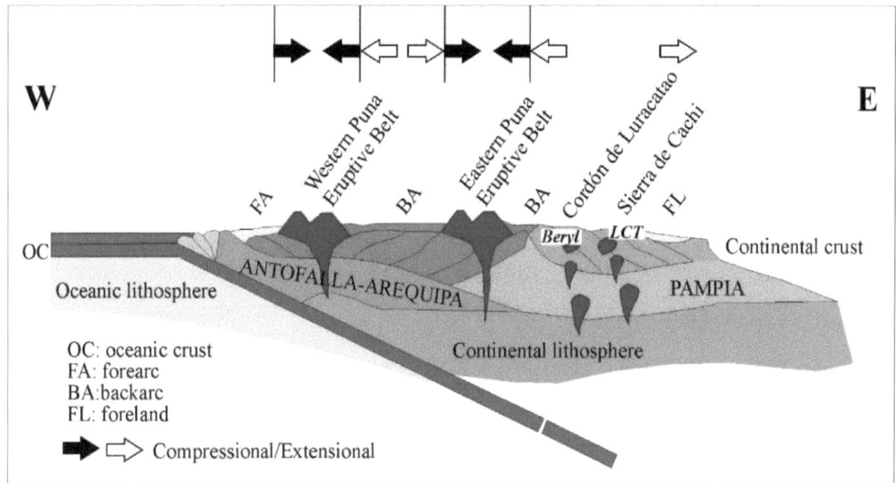

Figura 6. Configuración geotectónica del emplazamiento de las pegmatitas de la Formación Cachi en la Sierra homónima (Fuente: López de Azarevich et al., 2022).

CARACTERIZACIÓN DE LAS PEGMATITAS EN SANTA ELENA (DISTRITO EL QUEMADO)

La distribución de estos cuerpos pegmatíticos permiten distinguir cuatro sectores mineralizados (Figura 3C), con presencia de varios cuerpos pegmatíticos según se mencionan a continuación de norte a sur:

-Sector 1: La Elvirita y Aguas Calientes.

-Sector 2: Anzotana, Santa Elena, El Peñon y El Quemado.

-Sector 3: Tres Tetas.

-Sector 4: Peñas Blancas, El Morado y Corral Bayo.

En los sectores mineralizados se reconocen más de 30 pegmatitas, de las cuales existen hasta el presente doce labores mineras y de ellas sólo cinco tienen carácter de trabajos de explotación que datan de la década del '40 (compendio en Galliski, 1983).

En este sector central del distrito (Figura 3C) se encuentran las pegmatitas de Mina Anzotana, El Peñón, Santa Elena (siendo la pegmatita con mayor laboreo) y El Quemado, todas ellas presentan zonación. En Mina Santa Elena afloran 15 cuerpos pegmatíticos, denominados por Galliski (1983) con números romanos del I al XV y un cuerpo C (cuerpo principal de 40 m de ancho), emplazados a alturas entre 4.030-4.300 m snm. Son cuerpos tabulares entre 10 y 800 m de longitud y 0,8-40 m de espesor, con una relación L/E de 1-100, orientados N315°-325° y buzamiento de alto ángulo (65-85°) al SO y NE subordinado hasta vertical. Presentan zonación desde borde a núcleo, con una zona intermedia que reviste interés económico.

En la zona de extracción se desarrolla una zona intermedia de 8 m de espesor, que se extiende a lo largo de 450 m. La zonación presenta una zona borde de grano fino compuesta por cuarzo, plagioclasa y moscovita, como accesorios turmalina y apatita. La zona externa tiene potencia variable de 1-3 m, compuesta por cuarzo plagioclasa y moscovita con montebrasita y algunas láminas de columbita. Zona intermedia de grano grueso, de composición cuarzo, moscovita, plagioclasa (An 6-12), como accesorios se encuentran turmalina azul escasa, berilo en cristales prismáticos de 5-6 cm largo y láminas milimétricas de columbita. El núcleo tiene una posición central, compuesto por cuarzo macizo de grano muy grueso y color lechoso, como accesorio lleva bismuto irregularmente distribuido y sus oxidados en tonos verdeazulado. Entre la zona de pared y núcleo se presenta una mineralización metasomática como zona de reemplazo constituida por clevelandita+cuarzo (+/- moscovita, gahnita, berilio, niobita), espodumeno+cuarzo+plagioclasa+montebrasita+elbaita, lepidolita+cuarzo. (Figura 7)

Figura 7. A. Filón pegmatítico Santa Elena, zona explotada. B. Fotografía de campo indicando zona de remplazo con lepidolita.

MATERIALES Y MÉTODOS

Con el propósito de caracterizar los fosfatos del Grupo de Ambligonita se analizaron muestras de la zona intermedia de la pegmatita, correspondientes a muestras monominerales y poliminerales con diferentes técnicas espectroscópicas cuantitativas y microscópicas.

La paragénesis mineral y la sucesión paragenética se analizaron en muestras poliminerales mediante análisis de microscopía de transmisión con el equipo Leitz Wetzlar ORTHOPLAN equipado con luz transmitida y reflejada en la Universidad Nacional de Salta (Argentina) y mediante BSE en la Universidad de Pisa (Italia), este último utilizando un equipo Quanta 450 FE-SEM equipado con EDS (20 kV, distancia de trabajo 10 mm, magnificación hasta 16.000x).

Algunas muestras minerales fueron analizadas por DRX en un equipo Rigaku D/MAX IIIC a 35kV y 15 mA, con radiación de Cu Kα y monocromador de grafito, en la Universidad Nacional del Sur, Argentina.

En el caso del Grupo de Ambligonita, se llevaron a cabo análisis semicuantitativos para determinación de flúor, a partir de un cristal de dimensión superior a los 10 cm, por Espectrofotometría UV visible - Método indirecto usando el reactivo Eriocromocianina R/ZrO+2, previa disgregación alcalina con carbonato de sodio. Las mediciones se realizaron en un espectrofotómetro UV visible KIMADI UV 1800 PC (±0.002A), en el Departamento de Química de la Universidad Nacional de Salta, Argentina.

Se realizaron estudios de FTIR y Raman sobre muestras con paragénesis fosfatos+plagioclasa+cuarzo, utilizando el equipo SPECTRUM GX (Perkin Elmer: FTIR-RAMAN), en la Facultad de Ciencias Exactas - INIQUI, Universidad Nacional de Salta, Argentina. Para el análisis FTIR, las muestras se pulverizaron y trataron con KBr (1 en 10) para generar una pastilla. Para Raman, se utilizaron directamente los cristales, midiendo con un láser de 9395 cm^{-1} (1.604μm).

Los análisis cuantitativos de química mineral se realizaron mediante microsonda electrónica (EMPA) en un equipo JEOL JXA-8200 SuperProbe en el Departamento de Ciencias de la Tierra "Ardito Desio" en la Universidad de Milan (Italia). El instrumento está equipado con 5 espectrómetros de longitud de onda dispersivos (WDS) con un rango de cristales LiF, PET y TAP, y un detector adicional EDS el filamento de tungsteno opera con alto vacío (<5·10 −6 Torr), voltaje 15 kV, corriente 5 nA, tamaño de punto nominal 3 μm y conteo de pico de 20 s y 10 s en el background. Na y K fueron asignados a espectrómetros WDS separados para minimizar la dispersión de álcalis.

Considerando que los elementos ultraligeros Li y H_2O no son detectados debido a las características de registro de los equipos y naturaleza de los componentes (Melgarejo et al., 2010), su contribución en los minerales fue recalculada por estequiometria en el Grupo de Ambligonita según Chen et al. (2022).

RESULTADOS

Paragénesis

La paragénesis en la zona intermedia analizada comprende cuatro estadios principales: pegmatítico temprano, pegmatítico, hidrotermal y supergénico (Figura 8). La cristalización pegmatítica temprana está representada por óxidos (ilmenita, zircón I, uraninita I, óxidos de W), sulfuros (pirita, esfalerita), escasos fosfatos (apatito I) y silicatos (mica de Cs), que se encuentran como inclusiones en las fases posteriores, principalmente en cuarzo, albita, microclino, muscovita, biotita y fosfatos del estadio pegmatítico (Figuras 9 y 10).

Figura 8. Asociación paragenética de la pegmatita estudiada, en los estadios pegmatítico temprano, pegmatítico, hidrotermal y supergénico (Fuente: López et al., 2024).

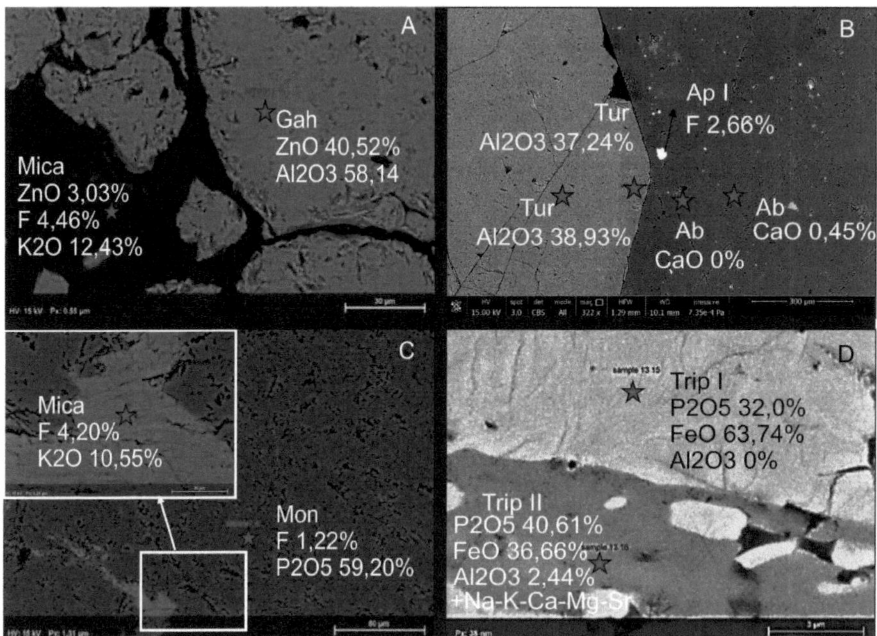

Figura 9. Paragénesis de estadios pegmatítico temprano, pegmatítico e hidrotermal, y composiciones químicas relevantes. A. Gahnita- mica de Zn (Muestra Q11). B. Apatita I (pegmatítico temprano) y Ab-turmalina chorlo (Muestra Q3). C. Grupo de Ambligonita (montebrasita) en paragénesis con muscovita (Muestra Q7). D. Triplita de generación I (pegmatítico) y II (hidrotermal, en venilla) (Muestra Q13). Mon: montebrasita, Ab: albita, Tur: turmalina, Trip: triplita, Ap: apatita, Gah: gahnita.

Los minerales accesorios comunes que acompañan la paragénesis del estadio pegmatítico son granate, turmalina variedad chorlo, gahnita, espodumeno, óxidos de columbio-tantalio (coltan), zircón II, uraninita II, Grupo de Ambligonita, Grupo de Lazulita, Grupo de Triplita I, apatito II, mica de Zn. Se reconocen algunas fases litíferas cristalizando hasta etapas algo más tardías (tardío-pegmatíticas) como Li-muscovita y elbaíta (Tablas 1 y 2, Figuras 9, 10 y 11). La asociación de mena del estadio pegmatítico cristalizó a partir de fundidos más evolucionados que los involucrados en la génesis de pegmatitas de la zona central de la Provincia Pegmatítica Pampeana (sierras de Córdoba y San Luis), mientras que las temperaturas de cristalización se encuentran por debajo de los 400°C (López de Azarevich et al., 2021a).

Hay diversas fases de fosfatos secundarios, reconocidos en los límites de cristales, en venillas o sectores de reemplazo selectivo, cuya cristalización corresponde al estadio hidrotermal. Incluyen trifilita, una nueva generación de minerales del Grupo de Triplita y apatita (triplita II, apatita III); zeolitas y cloritas. El geotermómetro aplicado a estas últimas evidencias un rango de cristalización entre ~200-250°C (López de Azarevich et al., 2021b) (Figura 10).

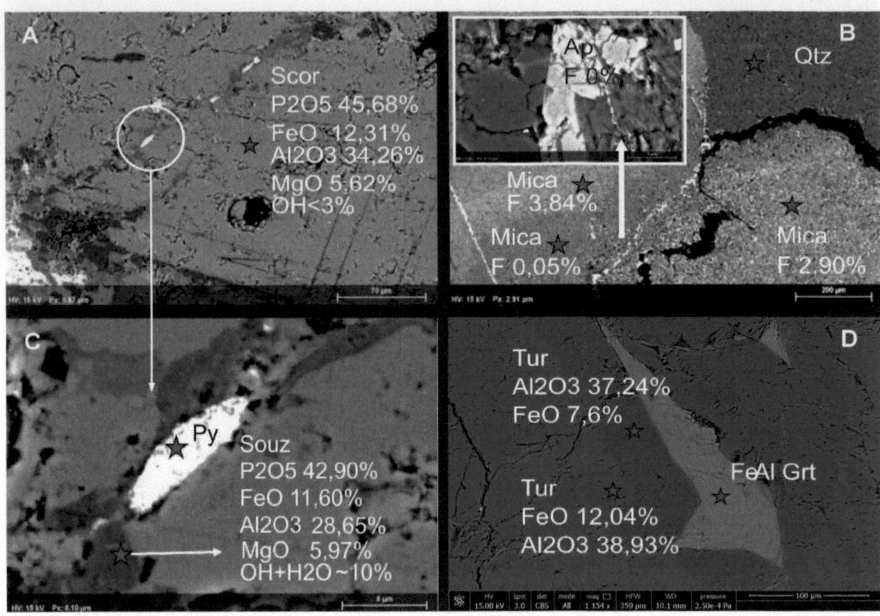

Figura 10. Paragénesis de estadios magmático temprano y principal, e hidrotermal. A. Pirita (magmático temprano) incluida en Scorzalita (magmática principal) (Muestra Q13). B. Variaciones en contenido de F en mica en paragénesis con cuarzo, y venilla de apatito (posiblemente Cl o HO-apatito) (Muestra Q12). C. Detalle de pirita (magmático temprano) en scorzalita, y removilización de fosfatos de Al (souzalita) en venillas durante estadio hidrotermal (Muestra Q13). D. turmalina (elbaíta) en paragénesis con granate (Muestra Q7). Scor: scorzalita, Souz: souzalita, Grt: granate, Py: pirita, Qtz: cuarzo, Ap: apatita.

Como representantes del estadio supergénico se encuentran U-fosfatos desarrollando texturas en abanico, entre cristales de montebrasita-ambligonita (Figura 11).

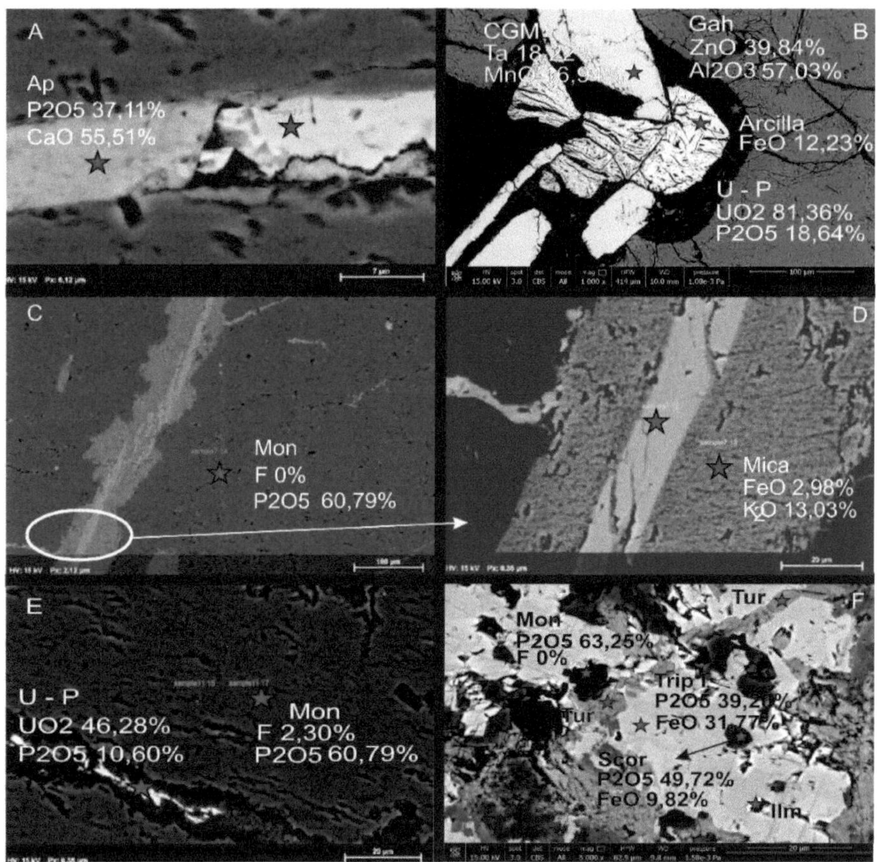

Figura 11. Paragénesis de estadios magmático temprano y principal, e hidrotermal. A. vena hidrotermal de Apatito III y Litiofilita II (Muestra Q7). B. U-fosfato speudomórfico de uraninita II, rodeado de arcillas ferruginosas (estadio supergénico) en contacto con gahnita (Muestra Q11). C-D. venilla de apatito III y mica en montebrasita (Muestra Q7). E. venilla de U-fosfato (supergénico) en montebrasita (Muestra Q11). Mon: montebrasita, Gah: gahnita, Ap: apatita, Litiof: litiofilita, Jahn: jahnsenita, U-P: fosfato de U. CGM: COLTAN.

A continuación, se detallan las características de cada una de las fases fosfatadas.

Fosfatos de Li-Al-F-OH: Grupo de Ambligonita

Los cristales del Grupo de Ambligonita fueron reconocidos a partir del análisis de las características ópticas, análisis químicos semicuantitativos, DRX y FTIR. Presenta cristales que a nicoles paralelos se observan de color incoloro, tabulares de 50 □m de longitud, con clivaje perfecto {001}, colores de interferencia de hasta el comienzo del 2do orden y ángulo de extinción de entre 54º y 56º.

Estas fases de fosfatos primarios muestran en un análisis mediante SEM picos característicos para P-Al-O, reconociéndose algunos cristales con una sustitución de OH por F dentro de la serie montebrasita-ambligonita con contenidos de 0,99-2,30 % F. El contenido de F analizado en mineral único por DRX, considerando los estudios de Černá et al. (1973) sugieren F<1% (Tabla 3, Figura 12). Realizando un tratamiento estadístico a los valores obtenidos por espectrometría UV, la contribución de F en el mineral es 0,07 ± 0,01 % (López et al., 2024).

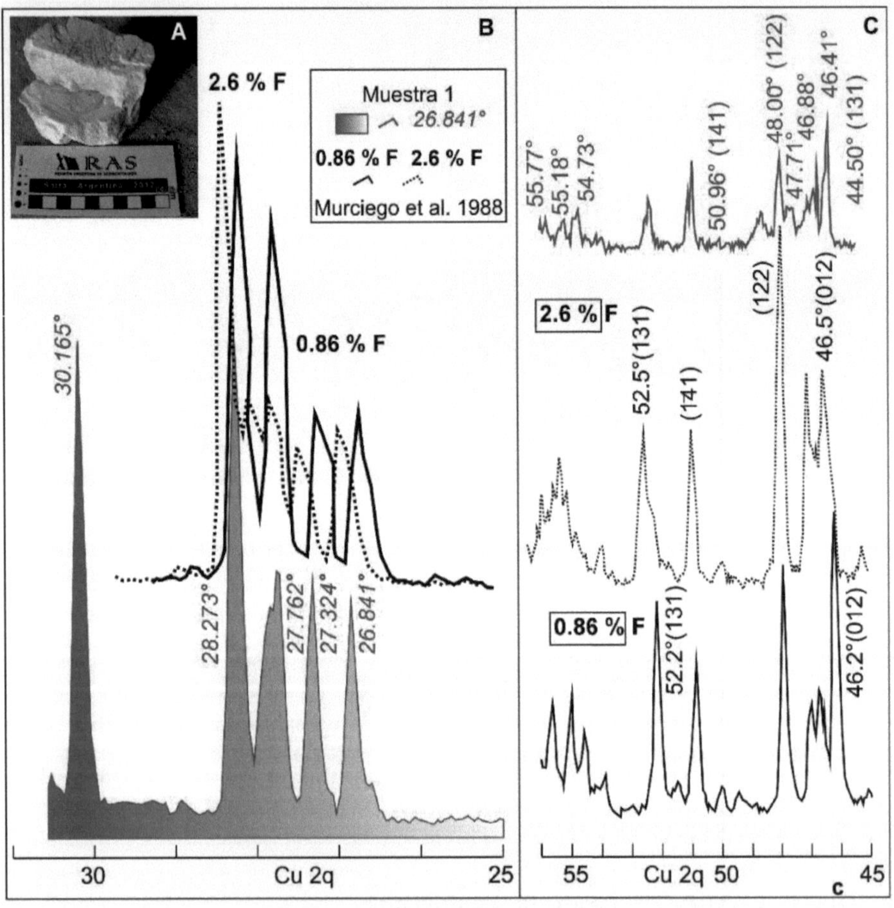

Figura 12. Picos de reflexión para muestras calibradas de montebrasita (negro) y muestra 1 analizada en este trabajo (rojo) (López et al. 2024).

Los espectrogramas de FTIR y Raman (Figura 13) muestran señales coincidentes con el mineral montebrasita y también ambligonita. Con respecto a las señales FTIR de la serie (Tabla 4), éstas coinciden en $\square_3$ y $\square_1$ con ambligonita. La señal que se observa en 3384 cm^{-1}, se atribuye a la presencia del grupo OH, en el mineral montebrasita ($LiAlPO_4OH$). Las señales en 3692 y 3621 cm^{-1} podrían atribuirse a estiramientos de grupos HO- aislados- en silicatos, posiblemente plagioclasa (Farmer, 1974). Para el caso del espectograma Raman, las señales (Tabla 4) también se corresponden con minerales de ambligonita y montebrasita, posiblemente miembros intermedios debido a la variación de los valores entre ambos extremos. Nuevamente la presencia de señales en 3356 cm^{-1}, es un indicativo claro de la presencia de montebrasita (Farmer, 1974).

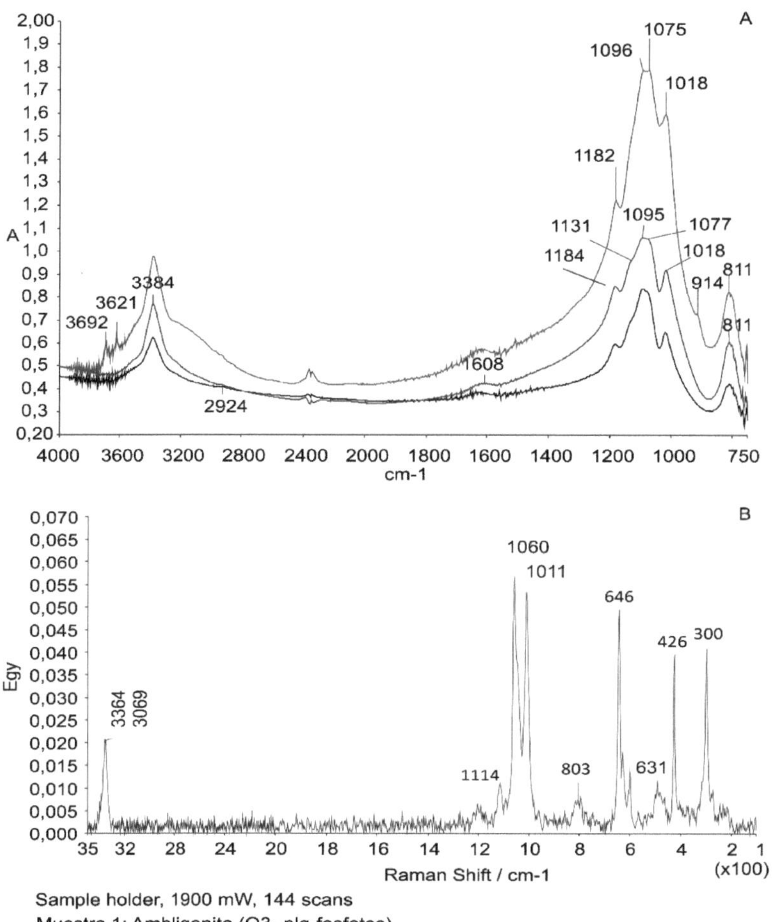

Figura 13. A. Espectograma FTIR de fosfatos de Li. B. Espectograma RAMAN de fosfatos de Li. Distrito El Quemado (Mina Santa Elena).

La ley de Li_2O en el mineral, calculada por estequiometria oscila entre 7,47% y 9,13%, considerando la cantidad de Al, y entre 8,30-9,86% considerando el P en el mismo. Este rango se encuentra en concordancia con el análisis de montebrasita informado en "Mineral Data Publishing" para el yacimiento Tanco (Li_2O 9,52%).
Todos estos resultados son compatibles con la composición montebrasita de la serie.

Fosfatos de Li-Mn-Fe: Grupo de la Trifilita
Otros fosfatos de Li fueron reconocidos a partir de análisis químicos semicuantitativos por su proporción de Mn y Fe, carencia de contenidos de Al; mientras que la pérdida de masa en el análisis químico se asocia con los contenidos de Li, que puede superar el 10% en los análisis químicos teóricos (mindat.org). Dentro de este grupo, los fosfatos son litíferos e incorporan cantidades variables de Mn, Fe, Ca y Mg, entre los extremos trifilita (Fe) y litiofilita (Mn). Se encuentran dentro de la paragénesis primaria del estadio pegmatítico y en venas como minerales de segunda generación por removilización durante el estadio hidrotermal, en ocasiones acompañados por otros fosfatos no litíferos (Figura 11A). En función de la composición química, que registrada MnO 51,34%, se interpreta que corresponde a litiofilita, lo cual implica una removilización y reemplazo de Li^+ por Mn^{2+} durante el estadio hidrotermal.

Fosfatos de Ca-Mn-Fe
Este fosfato fue identificado en una venilla (Figura 11D), a partir de análisis químicos semicuantitativos por su proporción de Ca, Mn y Fe, carencia de contenidos de Al y Mg. La pérdida de masa en el análisis SEM está asociada con los contenidos de H_2O+OH, que pueden superar el 18,5% en los análisis químicos teóricos (mindat.org). El mineral analizado podría corresponder a jahnsita.

Fosfatos de Al-Fe-Mg
Estos fosfatos fueron reconocidos a partir de análisis de SEM (Figuras 10A-C), y corresponden a variedades hidratadas con contenidos de OH-H_2O entre ~2-18%. Se encuentran formando parte de la paragénesis pegmatítica (interpretado como scorzalita) y de la paragénesis hidrotermal (interpretado como souzalita).

Fosfatos de Ca-F-OH-Cl: Grupo de Apatita
Se reconoce en los tres estadios endógenos. Se presenta como inclusiones (apatita I), en paragénesis con los minerales de mena de la fase pegmatítica (apatita II); y en el hidrotermal (apatita III) formando venas tardías que cortan fosfatos y silicatos formados previamente (montebrasita o micas), o a lo largo de bordes cristalinos principalmente de las micas (Figura 10B). La composición química detectada no

reviste diferencias notables entre apatita I y III, la proporción de F se encuentra entre 0-3,89 %, registrándose pérdidas de hasta ~17% en el análisis, probablemente por contenidos de Cl y OH (Tabla 1).

Fosfatos de Mn-Fe-Mg-Ca: Grupo de Triplita

Estos fosfatos se encuentran en paragénesis con montebrasita, albita, cuarzo; presentan inclusiones de óxidos y fosfatos de Al-Fe-Mg (posiblemente scorzalita, (Figura 11), y registran removilización tardía en venas de triplita dentro de cristales de la misma especie (Figura 9D). En las fases tardías se reconoce una disminución de FeO y aumento de MnO con respecto al cristal huésped. Algunas venas compuestas por turmalina variedad elbaíta se encuentran cortando triplita, o entre montebrasita y triplita (Figura 11F).

DISCUSIONES Y CONSIDERACIONES FINALES

La cristalización de las pegmatitas del tipo complejo de Mina Santa Elena evolucionó a partir de fundidos altamente diferenciados, en estado supercrítico, desde un estadio pegmatítico temprano hacia uno pegmatítico y finalmente hidrotermal, atestiguado por las relaciones texturales y paragénesis mineral. La comprensión de los mecanismos de mineralización constituye una clave no solamente en la comprensión de la génesis de la pegmatita, sino también en el ámbito de la exploración de las pegmatitas de la familia LCT, brindando también información para optimizar procesos en el beneficio industrial.

La pegmatita estudiada corresponde al subtipo berilo-columbita-fosfato, conteniendo fases fosfatadas de Li (Grupos de Ambligonita y Trifilita) coexistiendo con las silicatadas de Li (espodumeno, elbaíta, micas). El contenido de P en el fundido es almacenado de acuerdo con el equilibrio entre los silicatos y fosfatos de Li (London et al., 1999) según la reacción:

$LiAlSi_4O_{10} + P_2O\ (OH, F) \rightarrow LiAlPO_4\ (OH, F) + 4\ SiO_2$ (1)
Petalita (fundido) Grupo Ambligonita

La presencia de fosfatos en la paragénesis pegmatítica revela un enriquecimiento de P en el magma fuente, con contenidos por sobre la capacidad de almacenamiento del fundido, promoviendo la cristalización del Grupo de Ambligonita (montebrasita) sobre los silicatos de litio (petalita, espodumeno) (London et al., 1999). En función que la solubilidad del fosfato de Li aumenta con la temperatura, la paragénesis con montebrasita es indicadora de condiciones de más bajas temperaturas que la paragénesis que incluye petalita o espodumeno.

Considerando la temperatura de formación de las pegmatitas de Santa Elena, y los datos experimentales de London et al. (1999) sobre la estabilidad de petalita+montebrasita (a 525°C, 200 MPa y 1,4 %peso P_2O_5 en el fundido) y espodumeno+montebrasita, la presencia de montebrasita en ausencia de petalita sugieren que ocurrió un incremento en P_2O_5 en el fundido favoreciendo las reacciones:

$LiAlSi_4O_{10} + 0.5\ P_2O_5 + 0.5\ H_2O \rightarrow LiAlPO_4(OH) + 4\ SiO_2$ (2)
Petalita (fundido) (fundido) Montebrasita (cristal o fundido)
ó
$LiAlSi_2O_6 + PO_2(OH) \rightarrow LiAlPO_4(OH) + 2\ SiO_2$ (3)
Espodumeno (fundido) Montebrasita (cristal o fundido)

Al considerar la composición química de los fosfatos de Al-Li, la presencia de montebrasita indica un decrecimiento en la relación de actividad de los volátiles (a) a_{H2O}/a_{HF} en la fase fluida residual. Los mecanismos de exsolución de agua del fundido en el estado *subsólidus* al descender la temperatura, sumado a la baja disponibilidad de F como consecuencia de la cristalización de otros minerales (principalmente micas), contribuyeron así mismo a estas condiciones genéticas.

Con respecto a las variaciones en las composiciones minerales que se presentan en paragénesis, éstas pueden estudiarse considerando las competencias de las diferentes fases minerales por elementos disponibles de sustitución, incluyendo los componentes de la fase gaseosa que integren la estructura cristalina. La presencia de fosfatos en dicha paragénesis puede hacer aún más complejo el marco de sustituciones catiónicas. En función de los fosfatos identificados, éstos pueden dividirse en aquellos que incluyen volátiles y aquellos que no (Figuras 14 A-B), siendo la cristalización de los primeros dependientes de las actividades de volátiles (a_{OH}, a_F, a_{Cl}) que generarán competencia principalmente con las micas, y los segundos entrarán en conflicto por otros elementos como Mn y Fe como es el caso del Grupo de Columbita y la turmalina (Figura 14C).

Es importante destacar que las sustituciones selectivas son factibles de estabilizar ciertas fases minerales, a lo cual contribuye la presencia de otros iones en el fundido, derivados de la desestabilización (alteración, disolución) de fases minerales tempranas. En este sentido, espodumeno y montebrasita tempranas pueden reaccionar para formar (London y Burt, 1982):

Espodumeno ➔ eucryptita+albita ➔ muscovita+albita ➔ muscovita (4)
Montebrasita ➔ apatita+muscovita+fosfatos (5)

La reacción (5) queda evidenciada en Mina Santa Elena representando los estadios pegmatítico e hidrotermal. El espodumeno, identificado por DRX (López de Azarevich et al., 2021b), se encuentra subordinado con respecto a los fosfatos y las evidencias de reacción (4) no se reconocieron en el presente estudio. Las reacciones (4) y (5) junto a otras reacciones como es la alteración de trifilita-litiofilita, capaz de reaccionar para formar diversas fases minerales litíferas hasta llegar a Mn-Cl-apatita en presencia de cuarzo o albita (London y Burt, 1982), producen liberación de Li^+ acompañada por intercambio OH-F y metasomatismo de Ca y K. En función de la proporción de Li^+ liberado en solución, la muscovita variará su composición hacia el extremo trilitionita-polilitionita (-lepidolita). El desarrollo de lepidolita en las zonas de reemplazo hidrotermal constituye una evidencia de la removilización de Li^+ entre el estadio magmático principal y el hidrotermal.

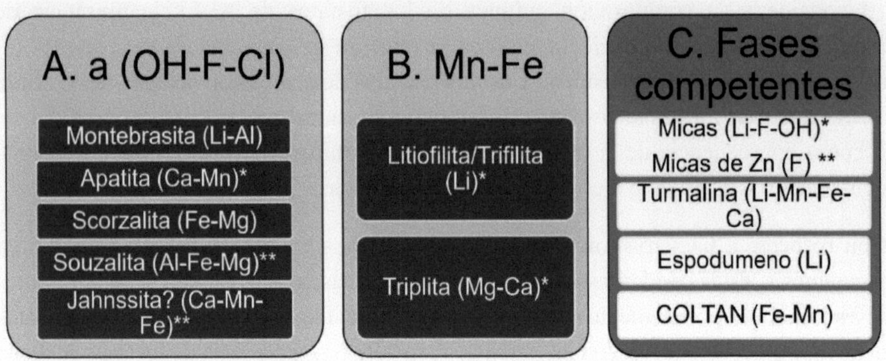

Figura 14. A. B. División de fosfatos en función de las condiciones químicas del fundido, necesarias para su formación: volátiles y Mn-Fe respectivamente. C. Otras fases minerales competentes por elementos químicos (Fuente: López et al., 2024) * Presentes en estadios pegmatítico e hidrotermal. ** Presentes en estadio hidrotermal.

La proporción de elementos como F, OH, Mn y Fe en el fundido, promueve la formación selectiva de miembros en alguno de los extremos de las series minerales, como ser ambligonita o montebrasita, F- o Cl-apatita, Mn- o Fe-tantalita / Mn- o Fe-columbita. La paragénesis del Grupo de la Ambligonita + Li-muscovita + lepidolita + apatita en la zona de estudio, es testigo de la competencia por el F al momento de la cristalización. La incorporación de F por parte de las micas y apatita tuvo la capacidad de generar deficiencia de HF en el sistema, condicionando y promoviendo la cristalización de un fosfato de Li más enriquecido en OH que en F. La cristalización de montebrasita con nulo a muy bajo contenido en F (1,22%) en paragénesis con Li-muscovita que contiene F 4,2 %, o de contenidos de F hasta 3,84% en micas coexistiendo con hidroxilapatita o cloro-apatita (F 0%), son ejemplos de estos mecanismos en Mina Santa Elena (Figuras 9C y 10B; Tabla 1). En ambos casos, el F contribuyó a la estabilización de las micas más que a los fosfatos de Li, mientras que las composiciones de apatita en este grupo indican que el F fue consumido preferencialmente por las micas (pegmatíticas o hidrotermales) en detrimento de su contribución en el fosfato de Ca (Figura 9B).

Si bien London et al. (1988) hallaron experimentalmente que el F es retenido de manera preferencial en el fundido más que el fluido, y esta situación es reconocida en la composición de las micas del estadio magmático principal, la removilización de Li^{+} en el estadio hidrotermal fue acompañada por cierta proporción de F, que derivó en la formación de lepidolita en las zonas de reemplazo. Esta mineralización significa la circulación de fluidos hidrotermales relativamente ácidos, con un metasomatismo (K+H).

La presencia de Cl- o F-apatita dependerá de las condiciones de a_{Cl} vs a_F en los fluidos tardío-magmáticos. A su vez, la proporción de MnO en el mineral es condicionada por la a_{Mn2+}, la cual depende de los contenidos en el fundido y de otras fases en cristalización (turmalina, triplita, coltan) o de la liberación de este elemento a partir de la alteración de otros minerales, incluso de manera local, como por ejemplo litiofilita. En este último caso, una relación inicial (MnO/(MnO+FeO)) alta será propicia para los intercambios (London y Burt, 1982). En otro sentido, el desarrollo de venillas tardías de fosfatos de Fe-Mn cortando montebrasita (Figuras 11 C-D) es evidencia de la relativamente alta movilidad del P en presencia de Fe y Mn en el estadio hidrotermal.

Para analizar otros mecanismos de sustitución durante el fraccionamiento en el estadio magmático principal se consideran los elementos diagnósticos (para la paragénesis en estudio) Fe y Mn, que se encuentran en los minerales del Grupo de la Columbita y en los fosfatos de primarios y secundarios de los Grupos de la Trifilita y Triplita. En el caso del coltan las variaciones implican removilización catiónica hacia miembros más enriquecidos en Mn (Figura 15A), mostrando una evolución desde pegmatitas de elementos raros del subtipo berilo-columbita-fosfato hacia subtipo lepidolita con enriquecimiento en F (Černý, 1989). La evolución geoquímica de los minerales del Grupo de la Columbita en las pegmatitas estudiadas muestra una marcha o "*trend*" manganesiano del tipo interpretado en las pegmatitas de Separation Rapids (Tindle y Breaks, 2000), con un incremento en el contenido de Mn/(Mn+Fe) acompañado por aumento en la relación Ta/(Ta+Nb) (López de Azarevich et al., 2021a). La sustitución de Fe reconocida puede estar relacionada a:

1. Una competencia de otras fases minerales en paragénesis por este elemento, como turmalina y fosfatos ferrosos, durante el fraccionamiento del fundido (Raimbault, 1998; Linnen y Cuney, 2005; Van Lichtervelde et al., 2006, 2007; Beurlen et al., 2008; Neiva, 2013).
2. Un incremento en la actividad álcali-F que promueve el extremo fraccionamiento de Fe-Mn hasta alcanzar el enriquecimiento en Ta (Tindle y Breaks, 2000; Černý et al., 2004; Wise et al., 2012).

Al comparar las muestras que presentan mayor y menor grado de fraccionamiento (Q4 y Q3 respectivamente), se reconoce que en la muestra Q4 domina la elbaíta (>Mn) acompañando en paragénesis al coltan, mientras que en Q3 se encuentra la variedad chorlo (>Fe) (Figura 15). En el caso de este par mineral, no se reconoce una competencia por el Fe y el Mn, ya que los mismos elementos se encuentran enriquecidos en la paragénesis coltan-turmalina. En el caso de las composiciones de coltan que implican mayor evolución (Q4), la proporción de F en la Li-muscovita (4,37%, Figura 15C) evidencia que corresponden a un sistema con mayor a_F, reconociéndose esta actividad como un mecanismo que resultó efectivo en el fraccionamiento de Fe-Mn en el coltan. Stepanov *et al.* (2014) demostraron también que la relación Ta/(Ta+Nb) en el coltan puede ser controlada por la fusión parcial y cristalización fraccionada de las micas.

Adicionalmente, la solubilidad de algunos elementos incompatibles en los fundidos graníticos (como Li, Cs, U, Ta, Hf) se ve incrementada por la mezcla con F (Van Lichtervelde et al., 2010), por lo cual la incorporación de este elemento en los minerales actuará como mecanismo controlador de la precipitación de las fases minerales que los incluyen. En Santa Elena se reconoció que el zircón de segunda generación contiene 1,31% HfO_2 y muestra enriquecimiento en Hf en la zona de reemplazo hasta 4,94% HfO_2 (muestra Q3). La ausencia de Ti en el zircón en paragénesis con coltan indica una temperatura por debajo del punto *subsólidus* en el cual el Ti es estable en su estructura (entre 500-850°C, considerando Watson et al., 2006; Chen et al., 2022).

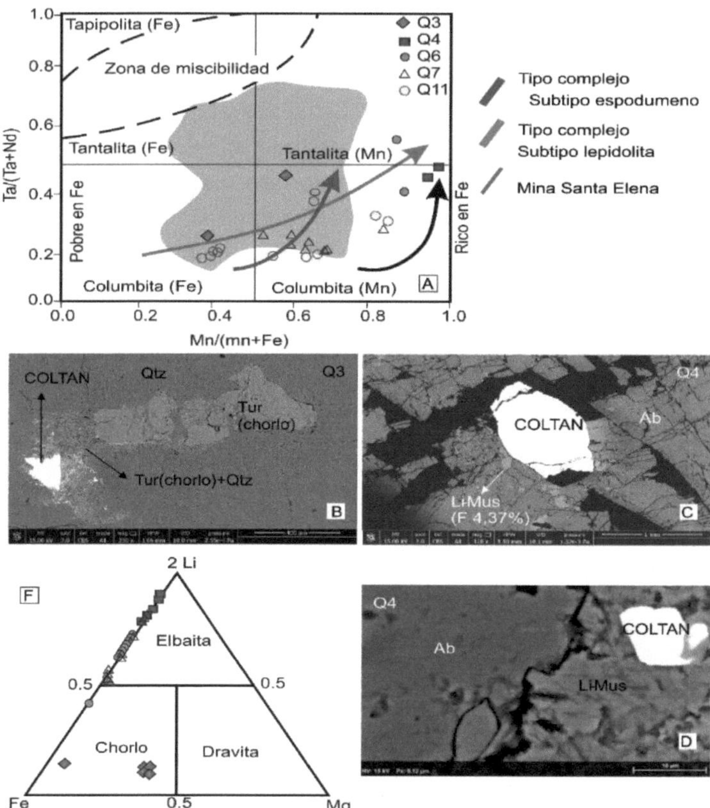

Figura 15. A. Evolución de la pegmatita de Mina Santa Elena considerando la variación composicional del COLTAN (López de Azarevich et al. 2021a). Gris: Pegmatitas Totoral, San Luis (Galliski et al., 2019). Líneas evolutivas según subtipo de pegmatita acorde a Černý (1989). B. Relación paragenética entre COLTAN-chorlo-cuarzo (Muestras Q3). C.D. Relación paragenética entre COLTAN-Li-muscovita-albita (Muestras Q4). E. Composición de turmalinas en Mina Santa Elena donde se observa el enriquecimiento en Fe en la turmalina de la muestra Q3 (Fuente: López de Azarevich et al., 2021a). Tur: turmalina, Li-Mus: Li-muscovita, Ab: albita, COLTAN: Grupo de la columbita, Qtz: cuarzo, Ab: albita.

Con respecto a la temperatura de cristalización, Jahns y Burnham (1969) sugieren temperaturas mínimas para los fundidos hidratados de 600°C, mientras que estudios experimentales más recientes demostraron que los fundidos pegmatíticos enriquecidos en Li, Cs, B, P y F tienen el potencial de deprimir la temperatura de líquidus y sólidus, y la de cristalización (Černý, 1991; London, 1992; Simmons y Webber, 2008). Para las pegmatitas de El Peñón-Santa Elena Galliski et al. (1999) reconocieron temperaturas de 350-400°C y una evolución con incremento de las actividades de HF, KF y LiF (análisis en micas). Para los sectores de Tres Tetas – Santa Elena, López de Azarevich et al. (2021a) calcularon temperaturas de cristalización de las pegmatitas inferiores a los 400°C para el estadio pegmatítico (termómetro en feldespato potásico) y de 250°C para el estadio hidrotermal (termómetro en cloritas). Los minerales en las pegmatitas complejos de Mina Santa Elena precipitaron a partir de un fundido enriquecido en P, F y H_2O, elementos capaces de producir descenso de las temperaturas de cristalización. Finalmente, a partir de los estudios experimentales en Maneta et al. (2015), se estima que un contenido de ~1% Li en el fundido granítico pudo haber generado saturación y precipitación tanto de silicatos como de fosfatos de Li.

CONCLUSIONES

El Distrito Pegmatítico El Quemado (NO de Argentina) aloja pegmatitas de la familia LCT, de edad ordovícica, caracterizadas por una mineralización litífera (silicatos y fosfatos), berilífera y de óxidos de Nb-Ta. La génesis del cuerpo pegmatítico principal de Mina Santa Elena, clasificado como sub-clase berilo-columbita-fosfato, deriva de un fundido hipercrítico, enriquecido en componentes con capacidad de decrecer la temperatura de formación por debajo de los 450°C, como P, F, H_2O-OH, facilitando la cristalización de montebrasita antes que espodumeno.

El principal mineral de Li del estadio pegmatítico es la montebrasita, que contiene F entre <1% y 2,3 %, y Li_2O de 7,47-9,86 %; siendo los bajos contenidos de F producto de la competencia con las micas (muscovita, Li-muscovita, lepidolita). Un marcado fraccionamiento de Fe-Mn en la serie columbita-tantalita indica un enriquecimiento de Mn en la fase tardía del estadio pegmatítico, influenciada por la cristalización fraccionada de las micas en los extremos enriquecidos en F (hasta 4,37% F), y la competencia por el Fe ejercida por los fosfatos de Fe-Mn y turmalina. Venillas de triplita, apatita, litiofilita y souzalita, y el emplazamiento de una zona de reemplazo con lepidolita evidencian la removilización de Li, Ca, Mn y Fe durante el estadio hidrotermal.

AGRADECIMIENTOS

Se agradece el apoyo académico de la Universidad Nacional de Salta (Argentina), la Universidad de Pisa (Italia) y el Instituto Superior de Correlación Geológica – Consejo Nacional de Investigaciones Científicas y Técnicas (INSUGEO-CONICET). Este trabajo fue desarrollado en el marco del Convenio de Cooperación Internacional entre la Universidad Nacional de Salta y la Universidad de Pisa (Expte. 25.541/11, UNSa) y del proyecto CIUNSa 2733/0.

BIBLIOGRAFÍA

Aceñolaza, F.G., Toselli, A. y Durand, F., 1975. Estratigrafía y paleontología de la región de Hombre Muerto, provincia de Catamarca, Argentina. 1° Congreso Argentino de Paleontología y Bioestratigrafía 1: 109-123, Tucumán.

Almeida, F.F.M., Hasui, Y., Brito Neves, B.B. and Fuck, R.A., 1981. Brazilian structural provinces: An introduction. Earth Science Review 17, l- 29.

Angelelli, V. y Rinaldi, C. 1966. Informe acerca de los yacimientos litíferos "Don Rolando y Las Cuevas" (provincia de San Luis. CNEA, 30 pp. Inédito.

Badanina, E.V., Sitnikova, M.A., Gordienko, V.V., Melcher, F., Gabler, H.E., Lodziak, J. and Syritzo, L.F., 2015. Mineral chemistry of columbite tantalite from spodumene pegmatites of Kolmozero, Kola peninsula (Russia). Ore Geol Rev 64:720–735.

Bartels, A., Vetere, F., Holtz, F., Behrens, H. and Linnen, R.L., 2011. Viscosity of flux-rich pegmatitic melt. *Contribution to Mineralogy and Petrology* 162: 51–60.

Beurlen, H., Da Silva, M.R.R., Thomas, R., Soares, D.R. and Olivier, P., 2008. Nb–Ta–(Ti–Sn) oxide mineral chemistry as tracer of rare-element granitic pegmatite fractionation in the Borborema Province, northeastern Brazil. *Minerallium Deposita* 43: 207–228.

Borello, A.V., 1969. Los Geosinclinales de la Argentina. Anales XIV, 211 p. Buenos Aires, Dirección Nacional de Geología y Minería.

Brito Neves, B.B., 1975. Regionalizao geotectonica do Pre-Cambriano nordestino. Unpublished thesis, Universidade de S&o Paula, Sgo Paulo. 198pp.

Brotkorb, M.K. (Ed.). 2006. Las especies minerales de la República Argentina. *Asociación Mineralógica Argentina*, Buenos Aires, 428 p. ISBN 13:978-987-21577-1-5.

Černá, I., Černý, P. and Ferguson, R.B., 1973. The fluorine content and some physical properties of the Amblygonite-Montebrasite minerals. *American Mineralogist* 58: 291-301.

Černý, P., 1989. Characteristics of pegmatite deposits of tantalum. En: *Lanthanides, Tantalum and Niobium*; Möller, P., Černý, F. y Saupé, F. (Eds.), Springer: Berlin, Germany, 1989; pp. 195–239.

Černý, P., 1991. Rare-element granitic pegmatites. I Anatomy and internal evolution of pegmatite deposits. *Geoscience Canada* 18(2):49–67.

Černý, P., and Ercit, T.S., 2005. The classification of granitic pegmatites revisited. Can. Mineral. 44, 2005–2026.

Černý, P., Meintzer, R.E. and Anderson, A.J., 1985. Extreme fractionation in rare-element granitic pegmatites – Selected examples of data and mechanisms. *The Canadian Mineralogist* 23: 381–421.

Černý, P., Chapman, R., Ferreira, K. and Smeds, S.A., 2004. Geochemistry of oxide minerals of Nb, Ta, Sn and Sb in the Varuträsk granitic pegmatite, swede: the case of an "anomalous" columbite tantalite trend. *American Mineralogist* 89: 505–518.

Chabert, M., 1986. Actualización del Inventario de yacimientos pegmatíticos productores de minerales de Litio y Berilio en la provincia de San Luis. DGFM, 105 pp. Inédito.

Chen, J.Z., Zhang, H., Tang, Y., Lv, Z.H., An, Y., Wang, M.T., Liu, K. and Xu, Y.Sh., 2022. Lithium mineralization during evolution of a magmatic–hydrothermal system: Mineralogical evidence from Li-mineralized pegmatites in Altai, NW China. *Ore Geology Reviews* 149: 105058. https://doi.org/10.1016/j.oregeorev.2022.105058.

Chudík, P., Uher, P., Gadas, P., Skoda, R. and Prsek, J., 2011. Niobium-tantalum oxide minerals in the Jezuitské Lesy granitic pegmatite, Bratislava massif, Slovakia: Ta to Nb and Fe to Mn evolutionary trends in a narrow Be, Cs-rich and Li, B-poor dike. Mineral Petrol 102:15–27.

COFEMIN-Consejo Federal de Minería, 2022. Ministerio de Economía, República Argentina, Comunicación, 2 pp.

Da Silva, M.R.R. y Dantas, J.R.A., 1984. A provincia pegmatitica da Borbotema-Seridb nos Estados da Paraba e Rio Grande do Norte. In: Principais depdsitos minerais do Nordeste oriental (edited by A. Montalveme), pp. 235-304. DNPM, S&e Geologia Economica 4.

Da Silva, M., Höll, R. y Beurlen, H., 1995. Borborema Pegmatitic Province: geological and geochemical characteristics. Journal of South American Earth Sciences 8: 355-364.

Dirección Nacional de Geología y Minería, 1963. Notas sobre minerales de litio, producción nacional, reservas, consumo interno y observaciones sobre la minería del litio. 7 pp. Inédito.

Dubois, J., Marcharnd, J. y Bourguignon, P., 1972. Données minéraloguques sur la série amblygonite-montébrasite. *Annales de la Société géologique de Belgique*, 95: 285-311.

Evans A.M., 1993. Ore geology and industrial minerals. 3° Ed. *Blackwell Scientific Publications*. Oxford, 390 pp.

Farmer, V.C., 1974. The Infrared Spectra of Minerals. *Mineralogical Society*, Monograph 4: 407-408.

Galliski, M.A., 1983. Distrito Minero El Quemado, Departamentos La Poma y Cachi, Provincia de Salta. I: El basamento del tramo septentrional de la Sierra de Cachi. Rev. Asoc. Geol. Argent. 38, 209–224.

Galliski, M.A., Saavedra, J. y Márquez-Zavalía, M.F., 1999. Mineralogía y geoquímica de las micas en las pegmatitas Santa Elena y el Peñón, Provincia Pegmatítica Pampeana, Argentina. *Revista Geológica de Chile* 26:125–137.

Galliski, M.A., Márquez-Zavalía, M.F. and Pagano, D.S., 2019. Metallogenesis of the Totoral LCT rare-element pegmatite district, San Luis, Argentina: a review. *Journal of South American* Earth Sciences 90: 423–439.

Galliski, M.Á., Márquez-Zavalía, M.F., Roda-Robles, E. and von Quadt, A., 2022. The Li-Bearing Pegmatites from the Pampean Pegmatite Province, Argentina: Metallogenesis and Resources. Minerals 12, 841.

Gautneb, H., Gloaguen, E. and Törmänen, T., 2020. Develop and/or review models for the formation of natural graphite, lithium, and cobalt in Europe. Forecasting and Assessing Europe's Strategic Raw Materials needs. 64 pp.

Grohol M. and Veeh C., 2023. Study on the Critical Raw Materials for the EU 2023. European Commission. 159 pp.

Hongn F. y Seggiaro R., 2001. Hoja Geológica Cachi, 2566–III, Provincias de Salta y Cata-marca, República Argentina, Inst. Geol. y Rec. Mineral., Serv. Geol. Minero Argent., Buenos Aires 248, 87 pp.

Hongn, F., Tubia, J., Esteban, J., Aranguren, A., Vegas, N., Sergeev, S., Larionov, A. y Basei, M., 2014. The sierra de Cachi (Salta, NW Argentina): geological evidence about a Famatinian retro-arc at mid crustal levels. J Iber Geol 40:225–240.

Jahns, R.H. and Burnham, C.W., 1969. Experimental studies of pegmatite genesis: I. a model for the derivation and crystallization of granitic pegmatites. *Economic Geology* 64:843–864.

Kaeter, D., Barros, R., Menuge, J. and Chew, D., 2008. The magmatic–hydrothermal transition in rare-element pegmatites from southeast Ireland: LA-ICP-MS chemical mapping of muscovite and columbite–tantalite. *Geochemica et Cosmochemica Acta*, 240: 98-130.

Linnen, R.L. and Cuney, M., 2005. Granite-related rare-element deposits and experimental constraints on Ta-Nb-W-Sn-Zr-Hf mineralization. En: Linnen R.L. y Samson I.M. (eds.), Rare-element geochemistry and mineral deposits, V. 17, *Geological Association of Canada Short Course Notes*, 45-68.

London, D., 1992. The application of experimental petrology to the genesis and crystallization of granitic pegmatites. *The Canadian Mineralogist* 30: 499–540.

London, D. and Burt, D.M., 1982. Alteration of spodumene, montebrasite and lithiophilite in pegmatites of the White Picacho District, Arizona. *American Mineralogist* 67: 97–113.

London, D., Hervig, R.L. and Morgan, G.B., 1988. Melt-vapor solubilities and elemental partitioning in peraluminous granite-pegmatite systems: Experimental results with Macusani glass at 200 MPa. *Contributions to Mineralogy and Petrology* 99: 360–373.

London, D., Wolf, M.B., Morgan, G.B. and Garrido, M.G., 1999. Experimental silicatephosphate equilibria in peraluminous granitic magmas, with a case study of the Alburquerque batholith at Tres Arroyos, Badajoz, Spain. *Journal of Petrology* 40: 215–240.

López de Azarevich, V., Fulignati, P., Gioncada, A. y Azarevich, M., 2021a. Rare element minerals' assemblage in El Quemado pegmatites (Argentina): insights for pegmatite melt evolution from gahnite, columbite-group minerals and tourmaline chemistry and implications for minerogenesis. *Mineralogy and Petrology* 115: 497–518.

López de Azarevich, V.L., Azarevich, M.B. y Ortega Pérez, M.M., 2021b. Consideraciones sobre los minerales de la serie montebrasita-ambligonita (Li), Distrito Pegmatítico El Quemado, NO argentino. *XVI Reunión Anual de Cristalografía*. 16 al 26 de Noviembre de 2021. Universidad Nacional del Litoral, Santa Fé. Actas PO31.

López de Azarevich, V.L., Azarevich, M.B., Gioncada, A., Fulignati, P., Ortega Pérez, M.M., 2022. Geodynamic setting for LCT and beryl pegmatites in the NW Argentina Famatinian arc. XXI Congreso Geológico Argentino. Sesión Técnica IX, Puerto Madryn. En CD.

López, V.L., Ortega Pérez, M.M., Azarevich, M.B., Peñaloza, L.G. y Tolaba, M. E., 2024. "Caracterización de los minerales de la Serie Montebrasita-Ambligonita (Li) y su paragénesis, Distrito Pegma títico El Quemado, noroeste argentino". Acta

Geológica Lilloana 35 (1): 15-36. doi: https://doi.org/10.30550/j.agl/2023.34.2/1884.

Lork, A. y Bahlburg, H., 1993. Precise U-Pb ages of Monazites from the Faja Eruptiva de la Puna Oriental, NW Argentina. 12º Congreso Geológico Argentino y 2º Congreso de Exploración de Hidrocarburos, Actas 4: 1-6.

Lork, A., Miller, H. and Kramm, U., 1989. UPb zircon and monazite ages of the La Angostura granite and the orogenic history of the northwest Argentina basement. Journal of South American Earth Sciences, 2:147-153.

Maneta, V., Baker, D.R. and Minarik, W., 2015. Evidence for lithium-aluminosilicate supersaturation of pegmatite-forming melts. Contributions to Mineralogy and Petrology 170. https://doi.org/ 10.1007/s00410-015-1158-z.

Melgarejo, J.C., 1997 (Coord.). Atlas de asociaciones minerales en lámina delgada. *Univeritat de Barcelona*. 1071 pp. Barcelona, España.

Melgarejo, J.C., Proenza, J.A., Galí, S. y Llovet, X. 2010. Técnicas de caracterización mineral y su aplicación en exploración y explotación minera. *Boletín de la Sociedad Geológica Mexicana* 62(1): 1-23.

Méndez, V., Navarini, A., Plaza, D. y Viera, O., 1973. Faja eruptiva de la puna oriental. Actas 5° congreso geológico argentino, 4:147-158. Buenos aires.

Méndez, V., Nullo, F. y Otamendi, J., 2006. Geoquímica de las Formaciones Puncoviscana y Cachi -Sierra de Cachi, Salta. Revista de la Asociación Geológica Argentina 61: 256-268.

Ministerio de Economía (Argentina), 2022. Metales y Minerales Críticos para la Transición Energética. Dirección Nacional de Promoción y Economía Minera, Subsecretaría de Desarrollo Minero, Serie de estudios para el Desarrollo Minero. 40 pp.

Miller, H., Lork, A., Toselli, A.J. y Aceñolaza, F.G., 2019. Geoquímica y geocronología de las rocas ígneas de la Formación Cachi, en el Valle Calchaqui, Argentina. Serie Correlación Geológica 35: 41-75.

Morteani, G., Preinfalk, C. and Horn, A., 2000. Classification and mineralization potential of the pegmatites of the Eastern Brazilian Pegmatite Province. Miner alium Deposita 35: 638-655.

Murciego, A., García Sánchez, A., Martín Pozas, J. y Pellitero, E., 1997. Métodos para la determinación del contenido de flúor de la serie ambligonita-montebrasita.

Aplicación a algunos yacimientos del centro-oeste de España. *Anuario CEBAS*, Salamanca, XIII: 231-245.

Neiva, A.M.R., 2013. Micas, feldspars and columbite–tantalite minerals from the zoned granitic lepidolite-subtype pegmatite at Namivo, Alto Ligonha, Mozambique. *European Journal of Mineralogy* 25: 967–985.

Pedrosa-Soares, A., Chaves, M., and Scholz, R., 2009. Eastern Brazilian Pegmatite Province. Field Trip Guidebook. Publisher: PEG2009 - 4th International Symposium on Granitic Pegmatites, Brazil 10.13140/2.1.4499.9688, 28 pp.

Preinfalk, C., Morteani, G. and Huber, G., 2000. Geochemistry of the granites and pegmatites of the Araçuai pegmatite District, Minas Gerais (Brazil). Chemie der Erde (Geochemistry) 60: 305-326.

Putzer, H., 1976. Metallogenetische Provinzen in Suedamerika, Stuttgart. *E. Schweizerbart'sche Verlagsbuchhandlung*, 318p.

Raimbault, L., 1998. Compositions of complex lepidolite-type pegmatites and of constituent columbite-tantalite, Chédeville, Massif Central, France. *The Canadian Mineralogist* 36:563-583.

Sardi, F.G., Heimann, A. y Sarapura Martínez, J., 2015. Geología local y mineralogía accesoria de las peg matitas berilíferas del Distrito Velasco y rocas graníticas asociadas, Provincia Pegmatítica Pam peana, Noroeste de Argentina. Serie de Correlación Geológica 31: 111-132.

Sardi, F.G., de Barrio, R., Colombo, F., Marangone, S., Ramis, A. y Curci, M., 2017. Pegmatitas graníticas de la región noroeste de Argentina. En: Muruaga, C.M. y Grosse, P. (Eds.), Ciencias de la Tierra y Recursos Naturales del NOA. Relatorio del XX Congreso Geológico Argentino, San Miguel de Tucumán: 971-1002.

Shearer, C.K., Papike, J.J. and Jolliff, B.L., 1992. Petrogenetic links among granites and pegmatites in the Harney Peak rare-element granite pegmatite system, Black-Hills, South-Dakota. *The Canadian Mineralogist* 30: 785–809.

Simmons, W.B. and Webber, K.L., 2008. Pegmatite genesis: state of the art. *European Journal of Mineralogy* 20: 421–438.

Stepanov, A., A. Mavrogenes, J., Meffre, S. and Davidson, P., 2014. The key role of mica during igneous concentration of tantalum. *Contributions to Mineralogy and Petrology* 167, 1009-1017.

Tindle, A.G. and Breaks F,W., 2000. Columbite-tantalite mineral chemistry from rare-element granitic pegmatites: separation Lake area, N.W. Ontario, Canada. Mineral Petrol 70:165–198.

Thomas, R. and Davidson, P., 2016. Revisiting complete miscibility between silicate melts and hydrous flids, and the extreme enrichment of some elements in the supercritical state - Consequences for the formation of pegmatites and ore deposits. *Ore Geology Reviews* 72: 1088–1101.

Thomas, R., Davidson, D. and Beurlen, H., 2012. The competing models for the origin and internal evolution of granitic pe gmatites in the light of melt and fluid inclusion research. *Mineralogy and Petrology* 106: 55–73.

Tindle, A.G. and Breaks, F.W., 2000. Columbite-tantalite mineral chemistry from rare-element granitic pegmatites: separation Lake area, N.W. Ontario, Canada. Mineralogy and Petrology 70: 165–198.

Toselli, A., 1990. Metamorfismo del Ciclo Pampeano Ciclo Pampeano. En Aceñolaza, F. G., H. Miller y A. J. Toselli (Eds.): El Ciclo Pampeano en el Noroeste Argentino: Universidad Nacional de Tucumán, Serie Correlación Geológica, 4:181-197. Tucumán.

Toselli, A., 1992. El magmatismo del noroeste argentino. Reseña sistemática e interpretación. Universidad Nacional de Tucumán. Serie Correlación Geológica, 8: 243 p. Tucumán.

Toselli, A. y Rossi De Toselli, J., 1990. Metamorfismo de baja presión en las Sierras Pampeanas y Cordillera Oriental en el NW de Argentina. Relaciones con el plutonismo granítico. Actas 11° Congreso Geológico Argentino, 1:174-177. San Juan.

Turner, J.C., 1960. Estratigrafía de la Sierra de Santa Vi ctoria y adyacencias. Boletín de la Academia Nacio nal de Ciencias de Córdoba 41(2): 163-196.

USGS, 2024. U.S. Geological Survey, Mineral Commodity Summaries, Lithium. Pp 110-111.

Van Lichtervelde, M., Linnen, R.L., Salvi, S. and Béziat, D., 2006. The role of metagabbro rafts on tantalum mineralization in the Tanco granitic pegmatite, Manitoba. *The Canadian Mineralogist* 44: 625–644.

Van Lichtervelde, M.V., Beziat, S.S.D. and Linnen, R.L., 2007. Textural features and chemical evolution in tantalum oxides: magmatic versus hydrothermal origins for ta mineralization in the Tanco lower pegmatite, Manitoba, Canada. *Economic Geology* 102: 257–276.

Van Lichtervelde, M., Holtz, F. and Hanchar, J.M., 2010. Solubility of manganotantalite, zircon and hafnon in highly flxed peralkaline to peraluminous pegmatitic melts. *Contributions to Mineralogy and Petrology* 160: 17–32.

Veksler, I.V. and Thomas, R., 2002. An experimental study of B-, P- and F-rich synthetic granite pegmatite at 0.1 and 0.2 GPa. *Contributions to Mineralogy and Petrology* 143: 673–683.

Watson, E.B., Wark, D.A., and Thomas, J.B., 2006. Crystallization thermometers for zircon and rutile. *Contributions to Mineralogy and Petrology* 151: 413–433.

Wise, M.A., Francis, C.A. and Černý, P., 2012. Compositional and structural variations in columbite-group minerals from granitic pegmatites of the Brunswick and Oxford fields, Maine: differential trends in F-poor and F-rich environments. *The Canadian Mineralogist* 50:1515–1530.

Wu, F.Y., Liu, X.C., Ji, W.Q., Wang, J.M. and Yang, L., 2017. Highly fractionated granites: Recognition and research. *Science China-Earth Sciences* 60: 1201–1219.

Xu, Y., Lu, H. and Rao, C., 2019. Mineralogical behavior of lithium and its implications from the Xiekusite Pegmatite, Altay, Xinjiang. *Geological Journal of the China University* 25: 321-332.

TABLAS

Tabla 1. Análisis químico semi-cuantitativo de fases de fosfatos analizados con SEM-EDS, en %peso. * Cálculo por estequiometría según Chen et al. (2022). ** valor máximo teórico no utilizado para sumatoria de óxidos.

Fosfatos de Li-Al-F-OH: Grupo de la Ambligonita							
ID	**P_2O_5**	**Al_2O_3**	**F**	**Li_2O***	**HO***	**Total**	**Mineral**
11-17	49,21	31,97	2,30	9,86	5,83	99,17	Montebrasita
7-4	48,05	32,12	0,99	9,76	5,36	96,28	Montebrasita
7-14	41,55	26,80		8,30	4,47	81,12	Montebrasita
13-8	43,38	25,20		8,30	4,20	81,08	Montebrasita
Fosfatos de Al-Fe-Mg-OH							
ID	**P_2O_5**	**Al_2O_3**	**H_2O****	**FeO**	**MgO**	**Total**	**Mineral**
13-1	45,68	34,26	5,5	12,58	5,74	97,87	Scorzalita
13-3	42,90	28,65	12,4	13,02	6,70	89,12	Souzalita
13-5	40,49	25,42	5,50	9,82	9,21	81,41	Scorzalita
13-14	41,52	26,95	5,50	11,15	7,10	83,76	Scorzalita
Fosfatos Ca-F-OH-Cl: Grupo de la Apatita							
ID	**P_2O_5**	**Al_2O_3**	**F**	**CaO**	**MnO**	**Total**	**Mineral**
3-6	36,84		2,53	54,37	1,33	95,08	Apatita I
4-5	36,48		3,89	48,49		88,86	Apatita III
7-8	30,94	0,34		46,28	5,81	83,37	Apatita III
12-7	35.24			50,40	5,41	91,05	Apatita III

Tabla 2. Análisis químico semi-cuantitativo de fases de fosfatos analizados con SEM-EDS, en %peso). ** valor máximo teórico no utilizado para sumatoria de óxidos. Jahnssita: registra un máximo teórico de H_2O=18,5 %peso.

Fosfatos de Mn-Fe-Li-: Grupo de la Trifidita, Mn-Fe-Mg-Ca: Grupo de la Triplita, y Mn-Fe-Ca-OH												
ID	**P_2O_5**	Al_2O_3	**Li_2O**	**CaO**	**MnO**	**FeO**	**MgO**	K_2O	Na_2O	**SrO**	**Total**	**Mineral**
7-7	29,81		10**	1,04	51,34	10,94	3,07				88,71	Litiofilita
7-12	36,47			10,53	8,29	24,45					79,74	Jahnssita?
13-4	38,71	2,83		1,30	8,30	31,77	4,45	0,45	6,60	5,08	98,76	Triplita I
13-15	32,00				2,99	63,74	0,79		0,47		100,00	Triplita I
13-16	39,16	2,34		2,18	4,46	36,66	2,77	1,44	7,57	1,77	96,18	Triplita II

Tabla 3. DRX de fosfatos de Li de Santa Elena (El Quemado). Rango 2θ = 26°-30°. 1 http:/mindat.org; 2 ASTM en Dubois et al. (1972); 3 Melgarejo (1997); 4 Brodtkorb (2006). M: montebrasita; A: ambligonita; H: intensidad en %. * F = ~5% estimado por difracción asociada a {101}.

Muestra 1 – Santa Elena			M[1]-Oxford County Mine		A[1*] - Monteb.		A[2]		M[2]		A[3]		M[3]		A[4]	M[4]
2θ	dÅ	H	dÅ	H	dÅ	H	dÅ	H	dÅ	H	dÅ	H	dÅ	H	dÅ	dÅ
19,010	4,6648	38,8			4,642	80									4,64	4,68
26,841	3,3188	50,1	3,33	40	3,87	80									3,87	3,33
27,324	3,2612	50,1	3,27	50	3,300	50									3,30	3,27
27,762	3,2108	50,1	3,23	50	3,237	60	4,64	100	4,68	90	4,64	80	4,672	70	3,24	3,23
28,273	3,1539	100	3,20	60	3,151	100	3,15	100	3,22	60	3,15	100	3,164	90	3,15	3,20
30,165	2,9603	98,3	3,16	90	2,955	80	2,92	100	2,97	100	2,96	80	2,968	100	2,96	3,16
37,563	2,3925	38,1	2,97	100	2,384	50									2,38	2,97
46,413	1,9548	21,7													1,935	2,40
57,640	1,5979	28,8														

Tabla 4. FTIR y señales Raman de fosfatos de Li de Santa Elena (El Quemado).

FTIR de fosfatos de Li de Santa Elena (El Quemado).

Tipo de señal	Ambligonita $LiAlPO_4F$	Montebrasita $LiAlPO_4OH$	Observaciones
	Número de onda (cm^{-1})	Número de onda (cm^{-1})	
υ_3	1188, 1105, 1025	1100, 1030	PO_4^{-3}
υ_4	630, 600, 540	600, 575, 545	PO_4^{-3}
υ_2	485, 420	490, 430	PO_4^{-3}
υ_1	815 (fuerte)	832 (media)	Puede deberse al grupo AlO_4
υ		3350	Estiramiento del grupo HO-

Señales Raman de fosfatos de Li de Santa Elena (El Quemado).

Señal (cm^{-1})	**Se atribuye a**	**Observaciones**
3356	Estiramiento de enlace H-O	Grupos H-O- libres. No se espera esta señal para la fórmula de Ambligonita $LiAl(PO_4)F$, sí para Montebrasita, $LiAl(PO_4)$**OH**. Montebrasita: 3350 cm^{-1} y probablemente en 655 cm^{-1}.
1114	Estiramiento υ_3 del grupo PO_4	Montebrasita: 1100 y 1030 cm^{-1}(*). Ambligonita: 1188, 1105 y 1025 cm^{-1}(*).
1008		
803	Presencia de AlO_4 (tetraedros)	Ambligonita: 815 cm^{-1} (intensa) Montebrasita : 832 cm^{-1} (media)
646	Deformación υ_4 del grupo PO_4	Ambligonita: 630, 640, 540 cm^{-1}(*) Montebrasita: 600, 575, 545 cm^{-1}(*)
629		
601		
424	Deformación υ_2 del grupo PO_4	Ambligonita: 485, 420 cm^{-1}(*) Montebrasita: 490, 430 cm^{-1}(*)

Printed by Books on Demand GmbH, Norderstedt / Germany